科普小天地

科學超有趣

昆蟲

洋洋兔 編繪

前 言

帶你走進昆蟲的世界

　　孩子們對大千世界充滿了好奇，他們好奇於身邊的每一個未知的事物。但是，處於溫室中的孩子們卻沒有足夠的條件了解和接觸大自然，對於大自然當中的小小昆蟲更是缺乏了解。在探索昆蟲世界奧秘的過程中，孩子們會產生疑問。比如，甚麼樣的蟲子是昆蟲？昆蟲為甚麼都那麼小？蜻蜓是怎麼飛起來的？蒼蠅、蚊子為甚麼能夠飛得那麼快？小昆蟲有沒有鼻子，牠們是用甚麼來呼吸的呢？當

產生這些疑問時，孩子們往往百思不得其解。這時，孩子們就需要一本內容豐富、解釋正確的昆蟲知識書來解開他們心中的疑惑。

《科學超有趣：昆蟲》就是這樣一本書。**這本有趣的昆蟲書，不僅適合孩子們自己學習，也適合家長給孩子做講解，共同學習。**

目錄

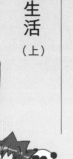

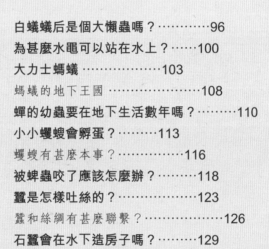
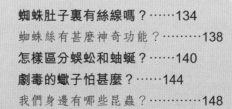

昆蟲是如何成長的？

● 昆蟲從出生到成熟，身體形態上發生了重大的改變。昆蟲身體上的這些改變是為了適應環境、為了生存。大體來說，昆蟲的成長分為兩種形式：完全變態和不完全變態。

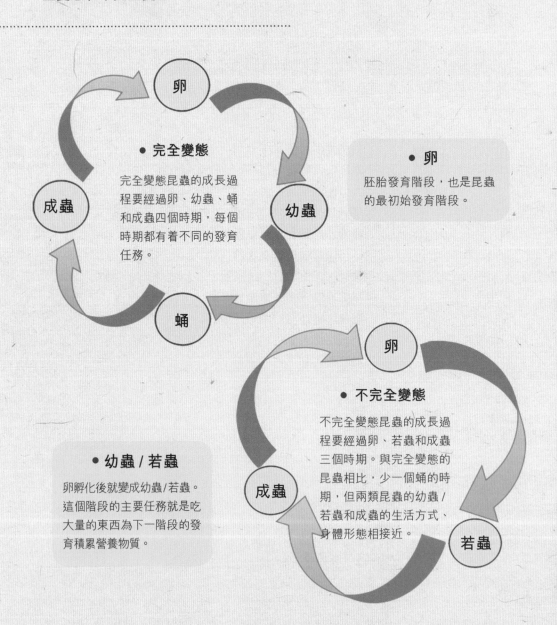

● 完全變態

完全變態昆蟲的成長過程要經過卵、幼蟲、蛹和成蟲四個時期，每個時期都有着不同的發育任務。

● 卵

胚胎發育階段，也是昆蟲的最初始發育階段。

● 幼蟲 / 若蟲

卵孵化後就變成幼蟲/若蟲。這個階段的主要任務就是吃大量的東西為下一階段的發育積累營養物質。

● 不完全變態

不完全變態昆蟲的成長過程要經過卵、若蟲和成蟲三個時期。與完全變態的昆蟲相比，少一個蛹的時期，但兩類昆蟲的幼蟲/若蟲和成蟲的生活方式、身體形態相接近。

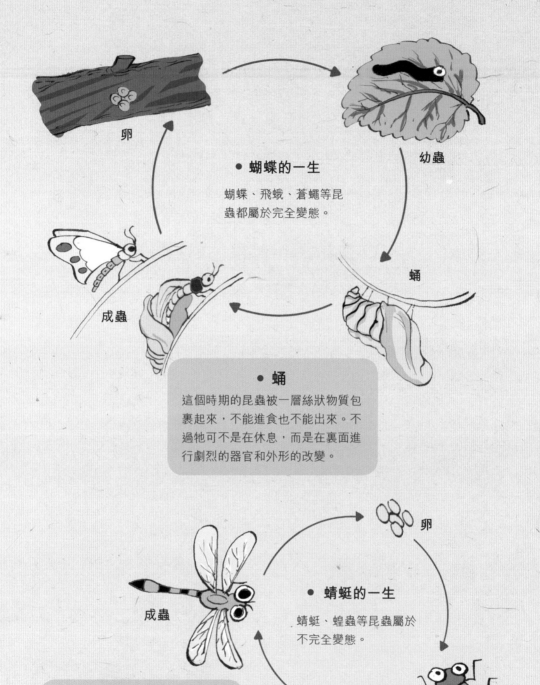

卵

幼蟲

• **蝴蝶的一生**

蝴蝶、飛蛾、蒼蠅等昆蟲都屬於完全變態。

蛹

成蟲

• **蛹**

這個時期的昆蟲被一層絲狀物質包裹起來，不能進食也不能出來。不過牠可不是在休息，而是在裏面進行劇烈的器官和外形的改變。

卵

• **蜻蜓的一生**

蜻蜓、蝗蟲等昆蟲屬於不完全變態。

成蟲

• **成蟲**

成蟲完成了羽化過程。這個時期的昆蟲才能擁有真正的翅膀，這也是牠的最終形態。

若蟲

人物介紹

小野人

男生，從原始森林裏來，力氣巨大，語言簡短，不會很複雜的表達，對現代生活充滿了好奇，不過也鬧了許多笑話，愛打獵，甚麼都想獵取。

都市女生 TT

愛美，愛炫耀，聰明女生，在與小野人接觸的過程中，教會小野人許多城市生活的知識。

寵物熊貓黑眼圈

酷愛吃爆谷，無所不知，卻又喜歡裝傻，睡覺是他一生的樂趣。

覓食與自保

這世上的生靈，都在為自己的生存努力着。覓食與自保是所有生物的天性。蟲蟲們為了生存，進化出各種生存技能，牠們的本事讓人類望塵莫及。

「決不可自暴自棄⋯⋯開步走吧！只要走，自然會產生力量！」

——法布爾（法國昆蟲學家）

進入蟲蟲世界

黑眼圈

一天，小野人、TT和黑眼圈來到昆蟲博物館……

哇，這裏的蟲蟲真多啊，好有意思哦！

有甚麼好的啊？到處飛來飛去的！

昆蟲
博物館

哼，敢説我們不好？讓你們見識一下我的厲害！

吹氣

呀！一隻討厭的蒼蠅在圍着我們打轉，我們還是趕緊躲開牠吧！

為甚麼**蟑螂**叫「不死小強」？

風和日麗的一天……

終於可以休息一會兒了！

砰！

骨碌碌！

哎喲！

不好！砸到人了，快下去看看！

黑眼圈！你太不小心了！

我……
我……

年輕人太不小心了。幸好我沒事。

你是誰啊？

我叫蟑螂，人稱「打不死的小強」。

被這麼大的石頭砸到都沒事，果然很強……

哈哈，這算甚麼？

上次差點被石頭砸掉腦袋，幸好有路過的好心人幫我安上，照樣活蹦亂跳的。

還有一次，我遇到了百年難遇的森林大火，我在火裏走了好幾天，才逃了出來。

太神奇了，你還有哪些特異功能啊？

我在水裏可以30分鐘不呼吸。

我還可以垂直爬上最光滑的牆。

我有翅膀可以飛。

我爬行的速度和人奔跑的速度差不多。

其實，這都不算甚麼。

撲通！

咔嚓！

我的哥哥被人類捉去當試驗品，在 4 萬千瓦的核輻射下仍然能從容不迫，被扔到宇宙裏，牠還是活得好好的。

咯吱！
咯吱！

你的主要食物是樹枝？

不，只要是有機物就行，我不挑食。

我要去哥哥那兒聽牠講太空見聞了，孩子們再見！

當**螳螂**遇到敵人

好功夫！

那個……不是我本人的事，牠是我的先祖中的一位！

好甚麼好？你該聽說過「螳螂捕蟬，黃雀在後」的故事吧？

哦？我只聽過螳螂拳……是甚麼驚天動地的事啊，TT，快說說！

是嗎？那一定是很感人的故事囉！

甚麼呀，那是螳螂家族很丟臉的事！只是你不知道而已！

那是一個烈日炎炎的夏天，蜻蜓在荷花中穿梭飛舞，蟬在柳樹枝頭「知了、知了」地叫個不停……

螳螂悄悄地朝蟬的方向爬去。

知了

笨蛋。

蟬已察覺卻鎮定自若。當螳螂在背後舉刀時，蟬振翅飛走了。

第二天，蟬在枝頭鳴叫，一張樹葉慢慢地朝前移動。

再知了

黃雀發現樹葉在向蟬的方向爬動，知道其中有鬼。

螳螂馱葉伏行，接近蟬後，迅速出擊。蟬被劈中。

扔

啊！

正當螳螂高興時……黃雀突然向螳螂撲來。

一箭雙雕。

我的。

黃雀落地，準備振翅飛走時，意外發生了。一條大狗從樹後鑽出來，向黃雀撲去……

19

螳螂祖師爺真可憐!

對了

師父,請把您的功夫傳授給劣徒吧。

師……師父,我甚麼時候答應過你?

啾!

啊——

啪嗒!

好!要學功夫是吧,那就看好了!

嗯!

然後把敵人扣住,記住,要快!

首先要引誘敵人,使其露出破綻。

取得勝利！

如果敵人力氣很大，要用兩隻胳膊。

太精彩了！

謝謝您的指導！

您知道勇氣之石在哪兒嗎？

哈哈，牠就在你們的心裏！

以後你們就會明白的……

在我們的心裏？

氣步甲真的會放毒氣彈嗎？

氣步甲是一種體長不到 2 厘米的小甲蟲，但攻擊力很強，遠攻、近搏樣樣精通！

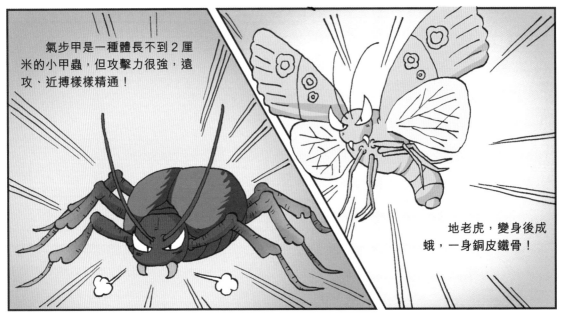

地老虎，變身後成蛾，一身銅皮鐵骨！

啊——

牠們在做甚麼？

噓！這是一場高手之間的對決！

咚！

哈哈！小傢伙，你不是我的對手！

我可要出絕招了！

哈哈，你這不過是虛張聲勢而已！

噗！！

不過是一個屁而已，我地老虎……

啊……這是怎麼回事呀？

哼！我的毒氣彈可不是那麼容易抵擋的！

我地老虎也不是那麼容易就被打敗的！

最緊張的時刻到了！

連環毒氣彈！

啊！

為甚麼氣步甲可以噴出黃色的氣體呢？

氣步甲的體內有兩個器官：一個可以生產對苯二酚，另一個可以生產過氧化氫。氣步甲猛烈收縮肌肉，這兩種物質相遇，在酶的催化作用下，瞬間就能噴出惡臭的高溫「炮彈」，同時產生黃色煙霧。

難怪地老虎受不了呢！

牠還可以多次攻擊，甚至連比牠大幾十倍的動物都受不了。

厲害！真的是武林高手啊！

你認識哪些甲蟲？

甲蟲是龐大的昆蟲世界裏最大的一目，光是甲蟲的種類就達三十多萬種。我們的身邊有許多形形色色的甲蟲，你能説出牠們的名字嗎？

小貼士：天牛、金龜子、螢火蟲、虎甲蟲都是我們身邊廣為熟知的甲蟲。

 甲蟲家族·身體特徵

甲蟲，牠們的重要特點就是身披厚厚的硬殼。甲蟲和其他昆蟲相同的是，身體也分為頭、胸、腹部，牠們也有六隻腳；不同之處是，甲蟲長有與其他昆蟲不一樣的前翅，牠們又厚又硬，覆蓋在薄薄的後翅上。由於生活習性的不同，有些甲蟲的前翅失去了飛行能力。有些甲蟲腳的構造也不同。有的腿節發達，適合跳躍；有的長着游泳毛，適於游泳。

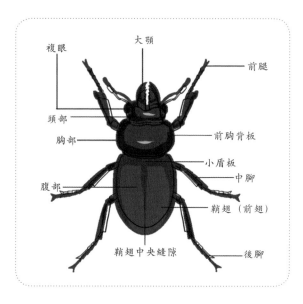

形形色色的甲蟲

虎甲蟲：為中等大小的甲蟲，一般有鮮艷的顏色和斑斕的條紋。

金龜子：金龜子種類繁多，屬於雜食性甲蟲，推糞金龜便是其中的一種。

天牛：力大如牛，善於在天空中飛翔，牠的觸角比身體的長度還長。

螢火蟲：螢火蟲的體型較小，身體末端下方有發光器，能發出黃綠色的光。

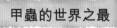

　　最大的甲蟲：世界上最大的甲蟲是生活在亞馬遜的大牙天牛，牠們的身體長度一般在 18 厘米左右。大牙天牛有着獨特的長角，可以用來切斷樹枝，這是牠們生活在亞馬遜複雜環境中的獨門絕技。

　　最兇的甲蟲：世界上最兇的甲蟲叫作「獨角仙」，牠還有一個名字叫作「兜蟲」。獨角仙的全身非常堅硬，在牠的頭部長着一隻大角，胸部還有一根像針一樣的硬刺。獨角仙雖然是最兇猛的甲蟲，但牠對於人類的生活無害，而且牠還是一種益蟲。

　　最強壯的甲蟲：生活在南美洲雨林地區的大力甲蟲是世界上最強壯的甲蟲，牠們可以很輕鬆地舉起比自身體重還要重 850 倍的物體，堪稱昆蟲界的舉重冠軍。這得益於牠堅固的外殼，研究人員還利用牠的外殼來製造堅硬的器材。

偉大的母蚊子！

我不吸血！

啪！

好討厭的蚊子，真希望天下的蚊子都死光光！

可不能那麼說，蚊子也有善良的哦！

難道有不吸血的蚊子嗎？

公蚊子平時只吸食植物的汁液，只有母蚊子才吸血。

啊！還有這樣的事？這是為甚麼呢？

嘿嘿，向偉大英俊又很瀟灑的熊貓博士諮詢問題，可是要付報酬的哦！

給！

看在大家朋友一場的份上，我就告訴你們吧！

蚊子的幼蟲是生活在水中的，長大後才能學會飛。母蚊子其實也是吸食植物的汁液的，但牠為了生育小蚊子，需要吸血獲取營養來促進卵巢的生長。

原來是這樣！

為了養育後代，不惜冒險去吸血，母蚊子真是偉大啊！以後我再也不打蚊子了。

為甚麼只有 TT 被咬呢，難道她的血比較好吃嗎？

當然了，我是人見人愛的小美女，血當然也比較好吃了。

嘖，才不是呢！

這裏面其實有一個小秘密。

秘密？甚麼秘密啊？

犒勞……

給！

咔哧！

因為女性的體內含脂肪比例較高，營養豐富。飽含脂肪的血液正對蚊子的胃口。

啊呀，好癢，癢死了，我為甚麼也被咬了呢？

蚊子對汗液也非常敏感，你整天跑來跑去的，出汗多，當然會被咬了。

我也好癢！

撓撓撓……

哇，兩個包包！你為甚麼也被咬了呢？

這個，可不可以不說？

不可以！

蚊子對不愛洗澡的人也很敏感……

蜜蜂
眼睛的奧秘

嘘……別說話，我要捉那隻蜜蜂。

快住手！你會被螫傷的！

怕甚麼！我從後面偷襲，蜜蜂看不到我的！

啊……從後面捉都被發現了？為甚麼啊？

你該慶幸蜜蜂放過了你……

嘻嘻，你們想知道會被蜜蜂發現的原因嗎？

哼，少在那裏賣關子！

還是讓牠來告訴我們吧！

你們仔細看看我的眼睛！

呀，裏面好像有很多閃閃發光的沙子啊！

這不是沙子，這是複眼！

甚麼叫複眼啊？

複眼是由很多微小的眼睛組成的視覺器官，位於頭部兩側。每隻小眼睛都能看清一個小範圍，再把那麼多小眼睛看到的物體組合起來，就能形成一個很大的範圍，所以你雖然在我的身後，我還是能看到你。

好奇妙啊！你的複眼是由多少隻小眼組成的呢？

不多不多，一隻複眼裏也就5000個左右吧！

5,000⋯⋯！

不和你們浪費時間了，沒見識的傢伙們。我還要忙着去採蜜呢！

牠真有那麼多眼睛啊？

連人造衛星都模仿蜜蜂眼睛的結構呢！

我想起來了，我在書上看到過！

人造衛星上設置了很多照相機，每個拍攝一小塊圖像。把這些圖像拼起來，就可以形成高清晰的圖片。

原來是這樣啊！

對嗎？

對。

我要是也長着複眼，就能找到更多好吃的了！

人類通過研究蜜蜂複眼的構造，應用於衛星的高清成像。蜜蜂釀的蜜有美容功效。除此以外，你對蜜蜂還有多少了解呢？

小貼士：一隻蜜蜂要吮吸數千朵花蕊，用上數萬個小時才能釀出
1千克的蜂蜜。

蜜蜂·採蜜的辛苦

所有的蜜蜂都是靠吃花粉和花蜜來填飽肚子，生長發育。平時，蜜蜂為了獲得一蜜袋花蜜，需要採集成百上千朵花，辛苦程度可想而知。

蜜蜂每秒可扇動 200 至 400 次翅膀。牠的飛行最高時速可達到 40 千米。當牠滿載而歸時，時速卻下降到 20 至 24 千米，這是因為牠們帶回了相當於自己體重一半的花粉。

即使如此，蜜蜂辛勞一輩子也只能為人類提供半克蜂蜜。一隻蜜蜂要吮吸數千朵花蕊，用上數萬個小時才能釀出 1 千克的蜂蜜。

再吸一朵花蕊，我就可以回家……

蜜蜂的貢獻

蜜蜂除了可以給我們帶來可口的蜂蜜外，蜂王漿、蜂膠也都來源於蜜蜂。蜜蜂從樹幹上採得樹膠後，用特殊的材料——從齶腺、蠟腺排出的分泌物進行加工，就變成了氣味芬芳的膠狀固體，這就是我們所說的蜂膠。

蜂王漿也來源於蜜蜂，牠是在巢穴中哺育幼蜂的成年工蜂從咽頭腺排出的分泌物，是將來成為蜂王的幼蜂們的專用口糧，營養價值很高。

蜜蜂釀蜜的過程

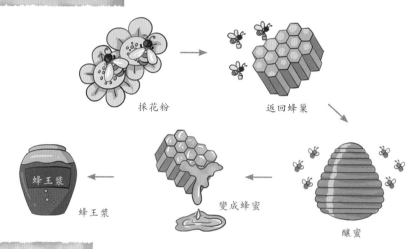

採花粉　　　　　　　　　返回蜂巢

蜂王漿

蜂王漿　　　　　變成蜂蜜

釀蜜

 神奇的蜂毒

　　蜜蜂不僅可以採集花蜜供人類食用，牠身上還帶有蜂毒。蜂毒是工蜂毒腺和副腺分泌出的具有芳香氣味的一種透明液體，平時儲藏在毒囊中，每當蜜蜂螫人的時候會由螫針排出。當我們被蜜蜂螫後，被螫部位會出現腫脹、充血，皮膚溫度升高 2℃ 至 6℃，有灼熱感。

　　早在 18 世紀，歐洲人就已經知道用蜂毒來治療風濕性疾病，並且療效顯著。除此之外，蜂毒對於心血管疾病、神經炎和神經痛、變應性疾病的治療都效果顯著。在治療上，原來人們會抓蜜蜂來螫生病的人，一次一隻，螫 10 天為一個療程，休息幾日後再繼續。當然這是比較古老的辦法，隨着現在醫學水平的不斷提高，人們已經成功地提煉出了蜂毒，廣泛應用於臨床疾病。由此可以看出，蜜蜂為我們的醫療事業也作出了巨大的貢獻。

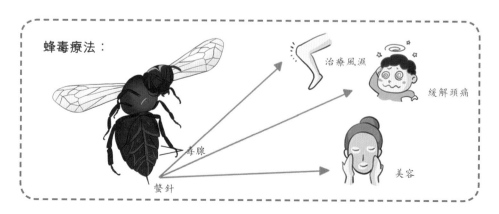

蜂毒療法：

治療風濕

緩解頭痛

美容

毒腺

螫針

人類的老師

　　仿生學是指模仿生物建造技術裝置的科學，它是在 20 世紀中期才出現的一門新的邊緣科學。仿生學研究生物體的結構、功能和工作原理，並將這些原理移植於工程技術之中，發明性能優越的儀器、裝置和機器，創造新技術。仿生學的問世開闢了獨特的技術發展道路，也就是向生物界索取藍圖的道路，它大大開闊了人們的眼界，顯示了極強的生命力。

　　「如果你希望成功，就以恆心為良友，以經驗為參謀，以謹慎為兄弟吧！」

——愛迪生

飛機的祖先——蜻蜓

撞上啦……

好敏捷的身手！

哇，好厲害！

那當然了，我的翅膀每秒可振動30至50次，飛行速度可以和世界女子百米短跑冠軍差不多。

真的嗎？

不但如此，連你們人類的飛機都參考了我們蜻蜓的構造。

我聽我爺爺的爺爺說，你們人類製造出飛機之後，一直有一個無法解決的難題。

甚麼難題？

隨着飛機製造業的發展，飛機的速度越來越快，但機翼折斷的現象卻越來越嚴重。

科學家們發現，飛機在高速飛行中，會和空氣摩擦產生高頻率震顫現象，導致機翼折斷！

後來找到解決的辦法了嗎？

我的每隻翅膀的上方都有一塊深色的角質加厚區，叫作「翼眼」。有了牠，再嚴重的空氣震顫我都不怕。

人類科學家根據蜻蜓飛行原理，在飛機機翼上設置了加重裝置，從此有害的振動就消除了。

大自然中充滿許許多多的奧秘，只要細心觀察，就一定會有收穫。

蜻蜓點水 有甚麼秘密？

　　蜻蜓家族是地球上現存最古老的動物家族之一。早在二億多年前，牠們就生活在地球上了。夏天的時候，我們經常會看到蜻蜓用尾巴點擊水面，你知道這其中的秘密嗎？

　　小貼士：蜻蜓點水，有時候是在喝水，有時候是在產卵。

蜻蜓的身體特徵

　　夏天的時候，我們總能看到蜻蜓飛來飛去的身影。蜻蜓長着兩對輕薄透明的翅膀，上面佈滿網狀的紋路，牠們的腦袋比肚子大很多，頭頂上長着一雙大眼睛。蜻蜓的眼睛由

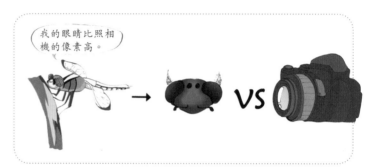

我的眼睛比照相機的像素高。

數以萬計的小眼組成，相當於 3 萬至 10 萬架小型照相機，能夠完整地將事物拍攝下來，所以視覺非常敏銳。牠們的眼睛還兼具測速儀的功能，每隻小眼都能夠依次對面前移動的物體做出反應，及時地躲避障礙。

生活環境

　　蜻蜓一般都生活在河邊和池塘邊上，成天與水為伴。牠們小的時候就是在水中長大，靠水中的小動物為生，螺類、藻類都是牠們的美食。經過在水中一次次的蛻變，直到長大成為成蟲的時候，牠們才慢慢爬上陸地，曬乾翅膀，一飛衝天。成年後的蜻蜓大部份時間都是在飛行中度過的，牠們甚至把廣大的天空當作牠們的家，而水邊就是牠們的王國。水邊往往都是蚊蠅飛蛾聚集的地方，這也間接方便了蜻蜓捕獲食物，吃飽了之後，蜻蜓們還會在水面上嬉戲和玩耍。

「蜻蜓點水」是我們經常聽到的一句成語，人們用牠來形容某人辦事膚淺應付。但是，蜻蜓們點水的時候可一點都沒有敷衍了事，而是非常嚴肅認真地做著正經事。如果你仔細觀察的話，就會發現蜻蜓點水的姿勢並不總是相同的。當牠們用頭部輕觸水面的時候，那是因為牠們飛了半天很口渴，想要低下頭來喝水；當牠們用尾巴的末端點擊水面的時候，那是雌蜻蜓在產卵。牠們將卵產在流水中，因為蜻蜓的卵有特殊的黏液，所以不會被流水沖走。

蜻蜓用頭點水，是因為口渴，想要喝水。

雌蜻蜓用尾巴點擊水面是在產卵。

更有趣的是，雄蜻蜓害怕雌蜻蜓在點水的時候「失足落水」，還會體貼地懸浮在雌蜻蜓的上方，用自己尾巴的末端勾住雌蜻蜓的頭部，讓雌蜻蜓更安全地把寶寶產在水中。所以，人們稱讚雄蜻蜓是可親可敬的「助產護士」。

雄蜻蜓用尾巴勾住雌蜻蜓，幫助牠產卵。

豆娘

豆娘是一種善於飛行、身體細長且柔弱的小昆蟲，長相類似於小型的蜻蜓。

與蜻蜓不同的是：豆娘歇息時翅膀伸長疊在一起，且豆娘的四個翅膀幾乎一樣大；而蜻蜓的兩個後翅稍長並且比兩個前翅要寬。

豆娘的體型大多數比蜻蜓要小，最小的豆娘體長1.5cm，最大的有 6 至 7cm。由於豆娘的體態優美，翅膀顏色鮮艷而多變，所以國內外很多昆蟲愛好者都喜歡觀賞牠。

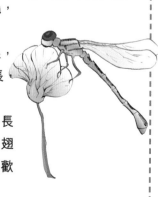

馬蜂螫人後會死嗎？

嘿嘿，白白嫩嫩的小孩子，一定很好吃！

我來掩護，你們快跑啊！

你太不自量力了！

這裏是我們馬蜂族的領地，黑熊快滾開！

小東西，難道你也想和我單挑嗎？也不看看自己幾斤幾両！

噴，誰和你單挑啊？

弟兄們，上！

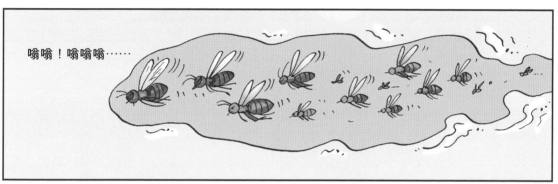

嗡嗡！嗡嗡嗡……

救命啊！疼死我了！我還會回來的！

族長，我們的毒素用光了，我們快不行了……

嗡嗡嗡……

為了保護我們，你們犧牲了自己，我太感動了！

43

那個……我們沒犧牲，只不過是毒素用光了。

我聽說蜂類使用毒針之後就會死亡，原來是假的啊！

全世界的蜂類有好幾萬種，有的螫人後就會死亡，也有的能多次使用毒針。我們馬蜂就能多次使用毒針。

非一次性

原來是這樣啊……我們的肚子都餓了，能給我們一點兒好吃的蜂蜜嗎？

不好意思，我們馬蜂是不會釀蜜的，只有我們的遠親蜜蜂才會釀蜜。

我知道我知道，馬蜂號稱昆蟲強盜，不但搶劫其他昆蟲，而且還螫人！

那是人們的誤解，其實我們馬蜂是很多害蟲的天敵，我們的蜂巢還有消腫鎮痛的功效呢！

原來是這樣啊，真對不起！

謝謝你們，勇敢的馬蜂戰士們！

嗡嗡……

再見，一路順風！

蝴蝶和迷彩服

好漂亮的花啊！

?

哈哈，一朵長得像蝴蝶的花飛走了！

黑眼圈，那是一隻長得像花兒的蝴蝶好吧！拜託……

長得像花有甚麼好處呢？

這是牠們的保護色。軍隊裏的迷彩服就是根據這個設計的。

快說說,我最喜歡聽打仗的故事了!

第二次世界大戰的時候……

德國軍隊包圍了蘇聯城市列寧格勒①。

德軍屢次出動轟炸機,列寧格勒城內的軍事設施破壞嚴重。

偽裝得太好了!

蘇聯昆蟲學家施邁楚維奇發現,五彩斑斕的蝴蝶隱藏在花叢中,非常隱蔽。

哦,偽裝?

我有辦法了!

①列寧格勒:今為聖彼得堡。

快，刷在城堡裏的所有建築上！

為甚麼啊？

敵人再來就沒辦法分清哪個是軍事建築，哪個是民居了。

……

……

後來，軍隊採用這種顏色裝飾士兵們的衣服，於是就有了軍隊裏的迷彩服。

哇啊！這就是迷彩服的來歷啊，好神奇啊！

蝴蝶和飛蛾

 蝴蝶和飛蛾的比較

　　牠們都屬於鱗翅目昆蟲，身體和翅膀都被細鱗片覆蓋着，都長着像長竹棍一樣的嘴。

蝴蝶主要在白天活動

蝴蝶

觸鬚：錘狀或棍棒狀

顏色：鮮艷、絢麗

體型：瘦

飛蛾主要在晚上活動

飛蛾

觸鬚：絲狀或羽狀

體型：胖

顏色：單一、暗沉

最新導航儀
——蒼蠅

終於可以舒舒服服地吃上一頓啦！

能讓我嚐嚐嗎？

啊！蒼蠅！討厭的蒼蠅！骯髒的蒼蠅！

快閃!

這下應該安全了吧?

嗡嗡……

能讓我嚐嚐嗎?

你這隻陰魂不散的死蒼蠅,為甚麼總能找到我們呢?

第一,我不是死蒼蠅,我是活蹦亂跳的蒼蠅。

第二，我能找到你們，多虧了我超強的嗅覺。牠讓我在幾公里外都能聞到。

好強的嗅覺啊！

可是，你的鼻子在哪兒呢？

這就是我的鼻子。

哈哈，鼻子長在觸角上，這可真稀罕啊！

我的每根觸角上有上百個嗅覺神經細胞。如果有氣味進入「鼻孔」，這些神經立即把氣味刺激轉變成神經電脈衝，送往神經中樞。

怎麼樣？比你們人類可強多了吧？

強又怎麼樣？還不是人見人罵的臭蒼蠅一隻！

科學家根據蒼蠅嗅覺器的結構和功能，成功仿製出一種十分奇特的小型氣體分析儀。這種儀器的「探頭」不是金屬，而是活的蒼蠅。

他們把非常纖細的微電極插到我們的嗅覺神經上，將引導出來的神經電信號經電子線路放大後，送給分析器；分析器一經發現氣味物質的信號，便能發出警報。

這種儀器被安裝在宇宙飛船的座艙裏，用來檢測艙內氣體的成份，也可測量潛水艇和礦井裏的有害氣體。

好厲害啊，看在你這麼厲害的份兒上，雞腿歸你了！

呵呵，謝謝！

火甲蟲的神奇感應能力

好餓啊！

我快餓死了！

咕嚕嚕……

哈哈，有水果吃啊！

終於有吃的東西了！

是啊是啊！

啊……
是生的！

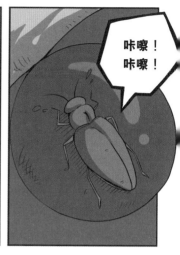

咔嚓！
咔嚓！

為甚麼小飛蟲能找到
可以吃的果子呢？

這是火甲蟲！

甚麼？火甲蟲……
是會着火的蟲嗎？

火甲蟲的腹部具有類似
的紅外線感受器，所以
在黑夜裏也能看到遠處
的食物！

人眼　　　蟲眼

火甲蟲可以用顏色來區分
目標，牠們能用眼睛感知
冷和熱。

火甲蟲在外出尋找食物的時候，也能用紅外感受器來定位食物的位置。

火甲蟲甚至可以感知 80 公里以外的森林火災。當這種甲蟲到達火災地後，牠們便可以安全地產卵。因為所有可能以牠們為食的天敵都已經因為大火而逃之夭夭。

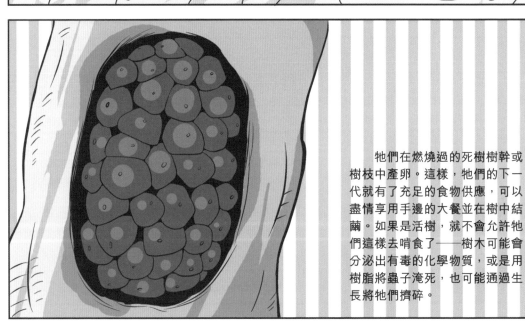

牠們在燃燒過的死樹樹幹或樹枝中產卵。這樣，牠們的下一代就有了充足的食物供應，可以盡情享用手邊的大餐並在樹中結繭。如果是活樹，就不會允許牠們這樣去啃食了——樹木可能會分泌出有毒的化學物質，或是用樹脂將蟲子淹死，也可能通過生長將牠們擠碎。

我常年生活在大森林裏，還不知道紅外線這麼有用……

在生活中，紅外線也有很多很多用處呢！

牠可以用於火災報警！

可以用來做感應門，有人接近就會自動打開！

我看到你了，你跑不掉了！

壞蛋

警察戴上紅外線眼鏡，就可以在夜晚抓壞人了。

給你一塊錢！

?

把你的紅外線賣給我。

……

昆蟲有甚麼特異功能？

在上億年的生物進化過程中，小小的昆蟲們躲過了一次次的大災難，進化出了獨特的身體器官。你知道蜻蜓尾部的氣門有甚麼作用？飛蛾觸角上的絨毛有甚麼作用？

小貼士：昆蟲們憑藉着身體器官上獨有的「特異功能」，可以快速地捕食或躲避敵人。

 特異功能· 昆蟲的感官

在我們的眼裏，小小的昆蟲雖然微不足道，但是牠們出現的時間比我們人類還要早。在漫長的進化歲月裏，昆蟲們憑藉視覺、聽覺、嗅覺和觸覺上的某些「特異功能」生存了下來，讓牠們能夠無憂無慮地在森林裏、在草地上、在天空中、在水裏盡情地玩耍。

視覺，感受光線明暗

我們人類在晚上的時候要開燈才能看清楚東西，為甚麼有的昆蟲能夠在黑夜裏自由活動呢？這主要得益於昆蟲獨特的眼睛。有很多昆蟲的眼睛是複眼。複眼是由很多個六角形的小眼組成，如蝴蝶就有 12,000 至 17,000 隻小眼。昆蟲有很多小眼，每一個小眼都只能看見物體的一部份，所有的小眼組合起來就能看清楚整個世界。

蝴蝶迅速地躲開小鳥的追捕。

聽覺，探測聲音

飛蛾靠觸角上的絨毛探測蝙蝠發出的超聲波。

昆蟲的聽覺非常靈敏，一旦有風吹草動，牠們就馬上逃走。但是我們卻看不到牠們的耳朵在哪裏。生物學家研究發現，不同的昆蟲有着不一樣的耳朵，而且還長在不一樣的地方。例如，蟋蟀的耳朵長在牠前腳膝蓋的下方；蝗蟲的耳朵長在牠腹部第一節的兩側。

嗅覺，辨別氣味

昆蟲用來辨別氣味的「鼻子」被稱為「氣門」。氣門與氣管相連，氣管又分成許多微氣管，通往昆蟲身體的各個部位。昆蟲依靠腹部的一張一縮，通過氣門、氣管進行呼吸。昆蟲能高度適應陸生環境，就是因為具備了這種特殊的呼吸系統。大多數昆蟲是用氣門進行呼吸的，如蜻蜓、蜜蜂等。

觸角，感受觸動

昆蟲是如何感受空氣的壓力和水、波的振動呢？其實，昆蟲也有着發達的觸覺器官，最明顯的是牠的觸角上的感覺絨毛，即使是很小很小的振動，牠們都能感覺得到。

在一些昆蟲的體表上有各種各樣的細毛，這些細毛也具有感受觸動的作用。這些細毛在昆蟲飛行的過程中能感受氣流的變化，從而使昆蟲在黑夜裏飛行的時候不至於發生「交通事故」。

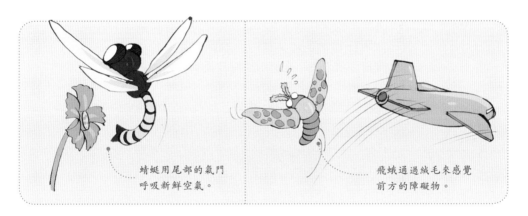

蜻蜓用尾部的氣門呼吸新鮮空氣。

飛蛾通過絨毛來感覺前方的障礙物。

 ## 昆蟲的感受器

昆蟲的感受器多為剛毛狀，也有刺狀和鱗狀的。蟋蟀、蜚蠊等昆蟲的尾鬚上有大量的感觸毛。水黽轉節和股節上的毛狀感受器可對頻率為 200 至 300Hz 的水膜振動引起反應。

有些昆蟲的感觸器為鐘狀，如蛾類的翅基部、蚊蠅的平衡棒、蟋蟀的尾鬚以及蜉蝣若蟲都是鐘狀的感受器。

奇異的生活

（上）

　　昆蟲的世界，是如此神秘和廣闊。我們如飢似渴地探索著知識，期待能更多了解一點。因為了解得越多，離成功就會越近一步。

　　「我不知道世人怎樣看我，但我自己以為我不過像一個在海邊玩耍的孩子，不時為發現比尋常更為美麗的一塊卵石或一片貝殼而沾沾自喜，至於展現在我面前的浩瀚的真理海洋，卻全然沒有發現。」

　　　　　　　　　　　　——牛頓

會裝死的
金龜子

森林裏空氣新鮮，比城市裏好多了！

在森林裏都走到膩歪了。

連水果都比城裏好吃！

我不喜歡森林！

母獅子又發威了……

嗶裏啪啦……

牠……牠們都死了！

ㄒ一ㄒ一，難道你練成了那失傳已久的「獅子吼」？

不會吧？

剛才你們聽到甚麼聲音了嗎？

好像有人在大聲吼叫。

是啊，嚇死我了！

爸爸，別裝了，警報解除了！

原來都是在裝死啊！

請等一下啊！

有事嗎？

請問您為甚麼要裝死呢？

我們金龜子沒甚麼攻擊手段，但是外脆裏嫩營養豐富，而且長得也帥，很多大型動物都把我們當成美味的點心。為了活下去，只要一有風吹草動，我們就會裝死。

這裏……這裏有大型食肉動物嗎？

是啊！老鼠、蜘蛛、麻雀，這些都是最恐怖的動物，最喜歡吃金龜子！

這也算大型動物？

等敵人來捉你們的時候，再裝死不就行了嗎？不用一有風吹草動就裝死吧？這也太敏感了！

咳咳……我們裝死的本領，經過千百萬年的進化，已經變成了條件反射。環境一旦發生變化，比如突然颳風、光線突然變亮變暗、巨大聲波引起的空氣震盪，我們的神經就會發出信號，渾身的肌肉收縮起來，看起來就像死了一樣。

其實我們如果真的死了，腳爪是鬆開的。你看我們的腳爪緊緊的，就是在裝死啦！

這是咱們家族的秘密，讓別人知道我們是裝死的話，麻煩可就大了！

放心吧，我們會替你們保守秘密的！

螢火蟲
為甚麼會發光？

沒有月亮，沒有火把，沒有星星，怎麼辦啊？

好可怕的黑夜啊！

你們看，那裏有光亮！

遠方的客人，讓我們螢火蟲來為你們照明吧！

我第一次感覺到，原來光明對人類這麼重要啊！

尊敬的螢火蟲先生，您為甚麼能發出光亮呢？

我的尾部有發光細胞，裏面裝着螢光素。這些螢光素，白天是不會發光的，到了夜晚，牠才可以發光。

在螢火蟲體內有一種磷化物——發光質，經發光酵素作用，發光質會引起一連串化學反應，產生光能。

常見螢火蟲的光色有黃色、紅色及綠色。雄蟲腹部有兩節發光，雌蟲只有一節，亮光一般只維持2至3小時。

在日落一小時後螢火蟲會變得非常活躍，爭取時間互相追求。雄蟲會在20秒中閃動亮光，等20秒，再次發出信號，耐心等待雌蟲的一次強光回應。

我還有一個問題想問你，又覺得很不好意思⋯⋯

沒問題，請問吧！

你的屁屁這麼亮，不覺得燙嗎？

我體內的螢光素能量轉化非常徹底，絕大部份都被轉化成光能了，只有 2% 至 10% 轉化成了熱能，所以我的屁屁是不會被燙到的。

這麼厲害，那豈不是都可以當燈泡了？

古時候，中國有一位叫車胤的窮書生。捉了很多螢火蟲裝在紗布袋裏，映着昏黃的蟲光讀書。

這位讀書人後來成了有名的大學問家。這個故事叫作「車胤囊螢」，這個故事激勵着後世的讀書人。

哇，原來是這樣啊，你們好偉大哦！

馬上就要天亮了，我們也要回家休息了。再見，可愛的孩子們。

黑夜中為別人照亮前路，牠們實在是太偉大了！

哈哈，我們發光是為了警告其他昆蟲：我們不是好惹的！

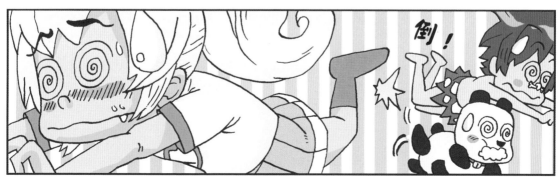

倒！

螢火蟲 能吃大蝸牛嗎？

螢火蟲是一種神奇的、能發光的小蟲子，牠們喜歡在夜間活動。螢火蟲一直給人一種美好而又可愛的感覺，可是，你知道嗎？小小的螢火蟲能吃掉比自己身體大很多倍的蝸牛呢！

小貼士：螢火蟲先往蝸牛體內注射一種毒液，然後用牠們吸管一樣的小嘴巴將蝸牛吃掉。

 螢火蟲・身體特徵

螢火蟲廣泛分佈於熱帶、亞熱帶和溫帶地區，全世界目前有二千多種。螢火蟲體內能夠發出螢光，常見的光色有黃色、紅色及綠色。雖然螢火蟲發光效率很高，但仍會消耗自身能量，因此通常不會整晚發光。螢火蟲成蟲每晚發光 2 至 3 小時。螢火蟲的生命週期通常是一年，卵和幼蟲階段佔其整個生命週期的大部份時間，而成蟲階段往往僅有一個月左右。

🔍 發光發亮的作用

螢火蟲用光芒嚇退了捕食蝸牛的小鳥。

夏夜的時候，螢火蟲為甚麼會發出亮閃閃的光？最普遍被人知道的作用就是求愛的大膽表示，雄性螢火蟲看到自己的心儀對象，便會發光來表白。除此之外，牠們夜間出來活動的時候，點着的「大燈籠」可以為自己和旁邊的愛人指路。而且，螢火蟲們溝通和交流的方式也是通過一閃一閃的發光來進行的。夜間螢火蟲們成群結隊地活躍在叢林裏的時候，通過身體表面發出的光芒還會嚇退襲擊牠們的敵人，所以，螢火蟲發光還能起到警示的作用。

生活習性

螢火蟲喜歡在溫度適宜、比較潮濕的雜草叢周圍，或是小溪邊、河流兩岸和蘆葦地帶活動。成年的螢火蟲們到了產卵季節，便將卵產在水塘周圍的叢林裏或是岩石邊。剛出生的螢火蟲也喜歡在夜間活動，牠們喜歡吃花粉和花蜜。而成年後的螢火蟲是肉食性昆蟲，牠們喜歡吃蝸牛或螺類等軟體動物。

 螢火蟲吃蝸牛

小小的螢火蟲長得那麼可愛，還會發出美麗的光芒，可牠們竟是肉食小甲蟲！牠們最喜歡吃的食物就是蝸牛。蝸牛那麼聰明，牠們以硬硬的外殼為家，一旦有危險就躲進小殼裏，柔弱可愛的螢火蟲又怎麼能把牠們吃掉呢？觀察發現，螢火蟲的頭頂上長着一對很細的又很尖利的顎。當牠們遇到蝸牛時，便用顎敲打着蝸牛的身體和外殼，蝸牛則以為螢火蟲在為牠們按摩。其實蝸牛並不知道，在螢火蟲給牠們按摩的同時，將一種毒液注入了牠們體內。蝸牛就這樣被迷惑而失去知覺了，接着螢火蟲又向蝸牛的身體裏注射另一種毒液。這樣，軟軟的蝸牛肉就變成了流質，螢火蟲們就會用牠們吸管一樣的小嘴巴將蝸牛吃掉。

 牠們也會發光

世界上只有螢火蟲會發光嗎？其實，除了螢火蟲以外，科學家們在南美洲還發現了一些會發光的昆蟲，牠們的名字叫「鐵道蟲」。生活在深海裏的一些魚類也會發光，植物中的發光蕈也會發出神奇的光。

 螢火蟲的光

螢火蟲發光的效率非常高，幾乎能將化學能全部轉化為可見光，為現代電光源效率的幾倍到幾十倍。由於光源來自體內的化學物質，因此，螢火蟲發出來的光雖亮但沒有熱量，人們稱這種光為「冷光」。

天牛的觸角

咔！

咔咔！

奇怪的聲音……原來是天牛啊！

偶爾吃點粗糧助消化。

要回來吃晚飯哦。

好懷念啊！以前常用線繩綁着天牛的腿，讓牠飛着玩呢！特別好玩！

還我自由！

TT，天牛長着這麼長的觸角，是幹甚麼用的？

天牛的觸角上有豐富的感受器，可以用來探明周圍的環境。

天牛是大害蟲，專門吸食植物的花和葉的汁液。幼蟲還能鑽進植物的莖髓中吸食汁液，最終導致植物死亡。

先來點主食。

天牛吸食、破壞松、柏、柳、榆等樹木。

天牛啃食柑橘、蘋果和桃等。

再來點新鮮水果。

喝點果蔬汁，補充維生素C。

天牛吸食棉、麥、玉米、高粱、甘蔗和麻等植物莖中的汁液。

天牛還破壞、啃咬建築、房屋和傢具等。

吃飽了才有力氣工作。

你們在幹甚麼？
沒……沒幹嗎！
天牛先生，您是怎麼知道我們在後面的呢？
我聞到的，嘿嘿……
你的鼻子在哪兒啊？我怎麼看不到？
你現在捏的就是我的鼻子……
鬆開
鼻子居然長在觸角上……
真奇怪。

我不但嗅覺靈敏，觸覺也是非常敏銳的。

通過嗅覺和觸覺，我可以探測出哪裏軟哪裏硬，好方便我產卵。

你的卵一般是產在哪裏呢？

我把卵產在樹木裏，我的孩子們也就在樹木中長大。

我小的時候，就住在樹木的內部。那裏有又香又甜的樹汁，真令我懷念。

又香又甜？

嚐嚐吧，很好喝！

咕嚕嚕！

世上還有比這更難喝的飲料嗎？

呵呵

好難看啊……

雨馬上就要來了，哪顧得了那麼多？快躲進來！

……

嘩嘩！

幸好躲得及時啊！

唰啦！

唰啦！

唰啦！

啊！妖怪啊！

下雨，收工了！

多虧了樹枝當拐杖，樹枝啊樹枝，謝謝你！

不客氣！

啊！妖怪啊——

我不是妖怪，因為我長得像竹節，所以大家叫我竹節蟲。

也太像了吧！你為甚麼要長成這樣子呢？

這樣能讓我躲過天敵的追捕。

如果偽裝失敗，被天敵發現了怎麼辦呢？

我的翅膀內側是彩色的，閃動的時候可以嚇到敵人。我就能乘機逃走。

大自然實在是太奇妙了！

竹節蟲 如何偽裝？

　　竹節蟲是目前地球上體型最長的昆蟲，牠們的外形長得像竹節或乾柴。為了躲避敵人的侵害，牠們經常會隱藏在樹枝或葉片之間，你知道牠們有哪些偽裝手段嗎？

　　小貼士：竹節蟲是當之無愧的「偽裝大師」，牠們經常會和樹枝或樹葉融為一色。

 竹節蟲· 身體特徵

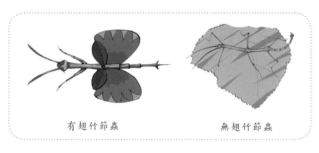

有翅竹節蟲　　　　　無翅竹節蟲

竹節蟲中幾乎所有的種類都有很好的偽裝術，大部份種類身體細長，模擬植物枝條，少數種類身體寬扁，鮮綠色，模擬植物葉片。體色多為綠色或褐色。觸角為絲狀，多節。口器為咀嚼式，複眼小；單眼為 2 至 3 個。有的竹節蟲沒有翅膀，有的竹節蟲長有一對翅膀。

🔍 「閃色法」躲避敵人

　　少數竹節蟲長有翅膀，而且牠們翅膀的色彩很亮麗。當遇到敵人的時候，牠們會像蝴蝶一樣展開燦爛奪目的翅膀。如果當時處在昏暗的環境中，竹節蟲的翅膀會閃動彩色的光芒，使敵人眼前一花。

好刺眼的光芒！

這時候，牠們會趁着敵人還沒反應過來，趕緊收起翅膀幻化成一段枯枝，消失在敵人的視線之中。竹節蟲的這種本領叫作「閃色法」，這也是許多昆蟲在逃命時常用的絕招。

竹節蟲的變色手段

　　竹節蟲是當之無愧的「偽裝大師」，牠們超級高明的隱身術讓人嘆為觀止。當竹節蟲靜靜地俯臥在植物上的時候，牠們能夠讓自己的身體擺出和植物形狀相吻合的造型，無論是彎曲的細枝，還是修長的綠葉，牠們都可以惟妙惟肖地模仿出來。

　　除此之外，竹節蟲還有變色龍一樣的本領，牠能夠根據周圍環境的光線、濕度和溫度變化來調節自己身體表面的顏色，達到與環境融為一體的效果，使自己免受鳥類、蜥蜴、蜘蛛等天敵的侵害。

偽裝成竹枝

跑到哪兒去了？

　　竹節蟲的身體一般是深褐色的，也有一些是翠綠或暗綠色的。牠們有着小小的腦袋，前胸很短，中胸和後胸長長地伸展出去。有些竹節蟲長有一對翅膀，牠們的翅膀上面佈滿了橫向的脈絡，細細密密的形成網狀，彷彿兩片乾枯的樹葉。不僅平時可以迷惑敵人的眼睛，就連受到驚嚇時，竹節蟲也會利用自己高超的「化妝術」，加上屢試不爽的「裝死」伎倆，趴在地上一動不動，逃過敵人的追捕。

 ## 斷肢再造術

　　竹節蟲的另外一個驚人的本領就是：斷肢再造。

　　在竹節蟲的若蟲階段，經常會因為逃避敵害而缺胳膊斷腿，但是每次斷肢後不久，傷口處就會長出一個彎曲的新的肢芽。

　　等到下一次蛻皮以後，新的附肢就會長出來，只是一般會稍短於正常的附肢。

　　不過一旦長大為成蟲，斷肢再造就不可能了。

 ## 繁殖方式

　　竹節蟲既可以兩性繁殖又可以單性繁殖，有時候，牠們要想找到交配對象並不是那麼容易。在沒有和雄蟲交配的情況下，雌性竹節蟲也會自己產卵並且孵化，但是因為沒有父親，所以孵化出來的竹節蟲便只有雌性而沒有雄性。

蟋蟀的聲音是從哪裏發出的？

一個小時後，
蟲鳴繼續着……

就是蟲鳴的聲
音有點兒太吵。

……

兩個小時後，
蟲鳴仍然繼續……

別叫了，還讓不
讓人睡覺了？

唧唧吱……
唧唧吱……

不好意思，打擾
你們休息了！

唉……算
了，你別
叫了就行。

等一下！麻煩您
再說兩句話！

說甚麼啊？

你們發現了嗎？牠說
話時嘴巴根本沒動！

真的！太
神奇了！

81

誰規定只能用嘴巴説話？

雄性蟋蟀的發音器在前翅近基部，通過摩擦來發音。

不用嘴巴，你的聲音是從哪兒發出的？

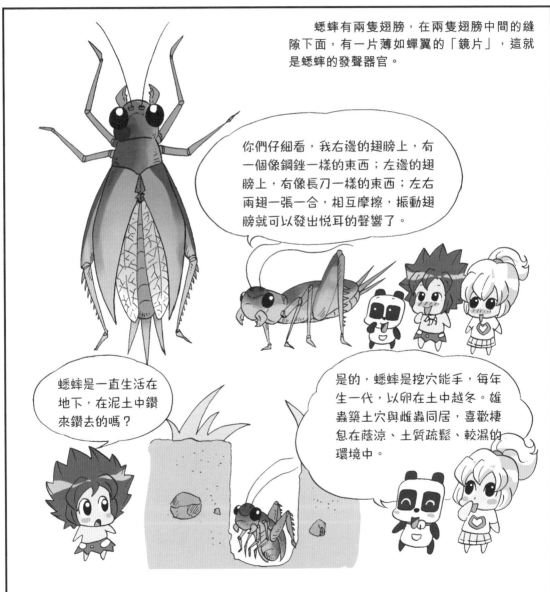

蟋蟀有兩隻翅膀，在兩隻翅膀中間的縫隙下面，有一片薄如蟬翼的「鏡片」，這就是蟋蟀的發聲器官。

你們仔細看，我右邊的翅膀上，有一個像鋼銼一樣的東西；左邊的翅膀上，有像長刀一樣的東西；左右兩翅一張一合，相互摩擦，振動翅膀就可以發出悦耳的聲響了。

蟋蟀是一直生活在地下，在泥土中鑽來鑽去的嗎？

是的，蟋蟀是挖穴能手，每年生一代，以卵在土中越冬。雄蟲築土穴與雌蟲同居，喜歡棲息在蔭涼、土質疏鬆、較濕的環境中。

哦，是這樣啊！

那你還有嘴巴呢，嘴巴是用來做甚麼的？

嘴巴當然是用來吃飯的，難道還用來說話嗎？這個問題好幼稚啊！

你整晚都在叫，不累嗎？

我們通過鳴叫的方式和蟋蟀家族的成員進行交流和溝通，怎麼會感覺累呢？不過，孩子們，現在太晚了，你們該回去睡覺了。

甚麼昆蟲用泡沫保護自己？

出來！

看我怎麼收拾你！

砰！

咳咳咳咳……

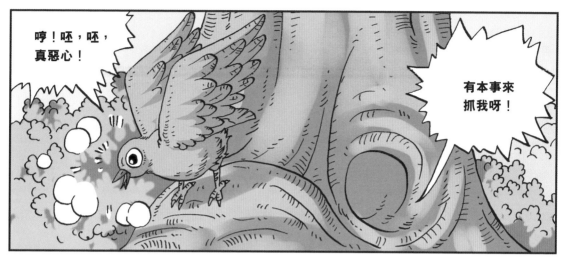

哼!呸,呸,真惡心!

有本事來抓我呀!

哼!

好像安全了……

你剛才的泡沫很神奇,你是會魔術嗎?

這是我們沫蟬家族的保命絕招,可不是甚麼魔術哦!

我在遇到危險的時候,就用自身分泌出的泡沫把自己嚴密地包裹起來,從而使自己躲過天敵的眼睛,生存下來,所以叫作沫蟬。

我的泡沫還有另外一種作用。你們看，我白白嫩嫩的，曬在太陽下很容易受傷，吐個泡泡遮擋陽光，就不會曬到我嬌嫩的皮膚了。

哈哈，原來還能防曬啊！你也可以給我吐一個泡泡防曬嗎？

沒問題。

你在幹嗎？

我們的泡泡是從腹部下端氣門開口附近的腺體排出來的，當這種膠質的腺液和氣門排出的氣體混合在一起時，就形成了一堆堆泡沫。

好惡心，我不要了！

嘖！我還不想給你呢，我要去吃美味的樹汁了，等我長大了，變得強壯了，也就不再需要這些髒兮兮的泡泡了。

原來牠還是個小孩子呢！

哈哈！你也不比牠大多少啊！

蝗蟲為甚麼要大規模遷徙？

轟隆隆——

是蝗蟲！一大群蝗蟲飛過來了！

發生了甚麼事？

不就是蝗蟲嗎，有甚麼好怕的！

一群蝗蟲可以在幾分鐘之內啃完一塊地裏的莊稼，幾秒鐘之內就會把一條掛在晾衣繩上的濕衣服吃光。你說可怕不可怕？

快跑！

87

好像安全了！

唉喲，唉喲……

你怎麼了？

老了，飛不動啦！

你們集體搬家去哪裏啊？

唉！

我也不知道。

我們蝗蟲永遠吃不飽，所以只要生命不止，就會永遠吃東西。這些食物儲存在我們體內，變成脂肪，給我們無窮的動力。同時也讓我們躁動不安，變成我們遷徙的原動力。

這麼說，你們蝗蟲遷徙的原因是……

吃飽了撐的？

可以這麼說。不過，你說得太難聽了。

一隻蝗蟲飛起來，就有千百隻跟隨飛起，於是就形成了蟲潮。我們實在飛不動了，就落下來產卵，蝗蟲一族就是這麼繁衍的。

太悲哀了，只能不停飛來飛去的種族，實在太可憐了。

這是我們的宿命，告辭了，孩子們！

安息吧，蝗蟲先生。

蝗蟲 為甚麼毀壞莊稼？

　　農民辛苦勞作了大半年，在快要迎來豐收的時候，莊稼卻被蝗蟲給糟蹋了。這種毫不起眼的小蟲子，對莊稼的毀滅性卻是令人咋舌。小小的蝗蟲為甚麼會具有如此大的破壞力呢？

小貼士：蝗蟲之所以具有極大的破壞力，是因為牠有着鋒利的口器（嘴）。

蝗蟲 · 鋒利的口器

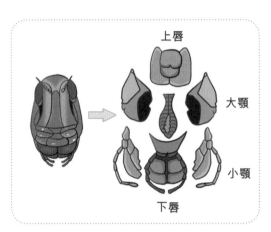

　　蝗蟲又叫「蚱蜢」或「螞蚱」，和螳螂、蟋蟀是近親。蝗蟲最長的部位是牠的後腿，長度與身體相等。結實有力的後腿特別善於跳躍，蝗蟲輕鬆一躍，可以跳出身體八倍長的距離。蝗蟲的口器是咀嚼式的，牠們長着一對帶齒的發達大顎。這樣的口器給牠的進食帶來了很多便利，鋒利的大顎能夠輕易地咬斷植物的莖葉。

食量驚人

　　早在遙遠的古代，就有蝗蟲把整個村莊的莊稼給吃光的事情。人們覺得蝗蟲的來襲簡直就是一種災難，因此稱之為「蝗災」。想像一下，數以萬計的蝗蟲成群結隊地從天空飛過，數量如此驚人以至於能遮擋住太陽的光芒，讓天空頓時昏暗下來。蝗蟲巨大的胃口簡直是農民們的噩夢，來勢

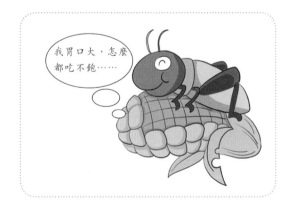

我胃口大，怎麼都吃不飽……

洶洶的蝗蟲將成片的莊稼掃蕩完後，接着奔赴下一個目的地，農民們只能眼睜睜地看着牠們肆虐成災，卻束手無策。

破壞各種農作物

　　大部份蝗蟲都是素食主義者，主要吃綠色植物，水稻、小麥、高粱、玉米之類的農作物都是牠們的最愛，也有一小部份蝗蟲是雜食性的，除了植物以外也吃一些昆蟲的屍體。

　　蝗蟲最愛吃的綠色植物都是農民們種的莊稼，農民們辛辛苦苦種出的莊稼到頭來卻被蝗蟲糟蹋了，於是一場消滅蝗蟲的戰爭展開了。

　　農民們想方設法除掉害蟲，但不管是噴灑農藥還是養殖捕食蝗蟲的小鳥，都無法將蝗蟲全部消滅。

　　除了南極和北極，世界上幾乎每一個地方都能找到蝗蟲的身影，世界上每一個國家幾乎都會遭遇蝗災，在眾多的害蟲之中，蝗蟲可以算是牠們當中最具破壞力的。

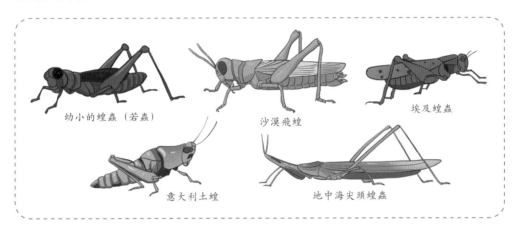

幼小的蝗蟲（若蟲）

沙漠飛蝗

埃及蝗蟲

意大利土蝗

地中海尖頭蝗蟲

 大自然的音樂家

　　雖然說蝗蟲討人厭的地方真不少，但是牠卻有着非凡的「音樂才能」。作為「音樂家」，蝗蟲用牠身上天生而又特別的「樂器」演奏。蝗蟲通過翅膀振動的方式來製造各種音樂，比如雄性蝗蟲會在白天的

蝗蟲們在演奏大型的「交響樂」

時候製造出噼啪聲和嗡嗡聲來吸引雌性蝗蟲的注意。有的蝗蟲通過摩擦前面的翅膀演奏，有的蝗蟲通過後腿和前翅的摩擦來演奏，總之是各顯神通。

生活在水中的 水螳螂

啊……

我被蟲子叮了一下。

蚊蟲叮咬，找我好了，包你滿意！

你是誰啊？

我叫水螳螂。別看我瘦，我的功夫可是很厲害的哦！

你也會功夫？笑死人了！

噓！別説話！

看到沒有？厲害吧？

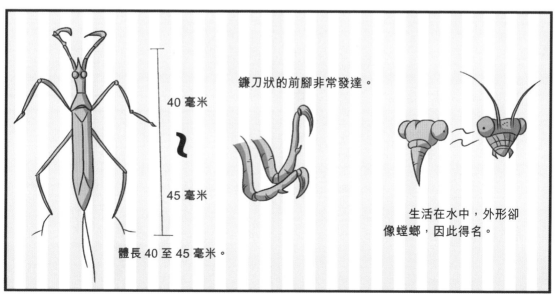

40 毫米

45 毫米

體長 40 至 45 毫米。

鐮刀狀的前腳非常發達。

生活在水中，外形卻像螳螂，因此得名。

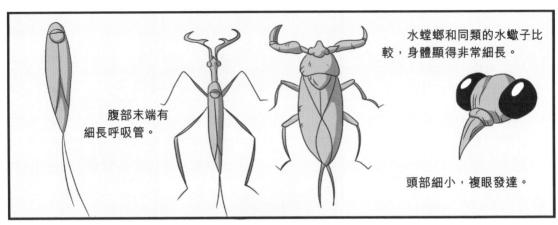

水螳螂和同類的水蠍子比較，身體顯得非常細長。

腹部末端有細長呼吸管。

頭部細小，複眼發達。

看不出來，你這麼瘦，居然也是肉食動物！

你連牙都沒有，怎麼吃？

閃！

我隨身自備了吸管。

你沒有鰓，在水下是怎麼呼吸的呢？

閃！

我有一根呼吸管。在水下等待獵物上門時，我會把呼吸管伸出水面。

鼻孔長在尾巴上……

你還真是隻古怪的昆蟲啊！

奇異的生活
（下）

　　個人的力量是渺小的，團隊的力量才是強大的。個人英雄主義不過是偏執者的冒險，相比團結的人群，顯得那樣的脆弱⋯⋯

　　「誰要在世界上遇到過一次友愛的人，體會過肝膽相照的境界，就是嘗到了天上人間的歡樂。」
　　　　　　　　　　　　——羅曼·羅蘭
　　　　　　　　　（法國思想家、文學家）

白蟻蟻后是個大懶蟲嗎？

快醒醒，我們還要趕路呢！

別吵，讓我再睡一會！

別人都説白蟻的蟻后是最懶的，我看你比她還懶呢！

我們蟻后才不像你們說的那麼懶呢，不信我帶你們去見識一下！

好啊好啊，請麻煩準備一些好吃的點心！

不但懶惰，還那麼饞。

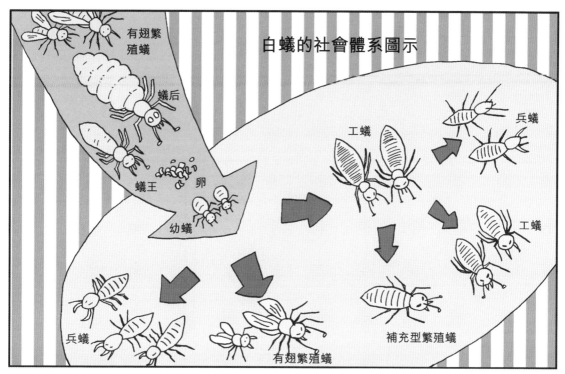

白蟻的社會體系圖示

有翅繁殖蟻
蟻后
蟻王　卵
幼蟻
工蟻
兵蟻
工蟻
補充型繁殖蟻
兵蟻
有翅繁殖蟻

孩子們，歡迎你們來到白蟻的王國！

我說得沒錯吧？這麼胖！肯定是又饞又懶。

你們人類總是認為白蟻蟻后最懶，其實你們誤會了。你們知道白蟻王國是怎麼建立的嗎？

不知道。

我出生在一個普普通通的白蟻巢穴中，長大以後就獨自離開了巢穴。

我在堅硬的地上挖一個30厘米深的洞，並開拓出一個6厘米大小的房間。

挖挖！

我要餵養自己的孩子……

為了活下去，我蛻掉了四隻翅膀當乾糧，同時還要種植美味的「小蘑菇①」。

！

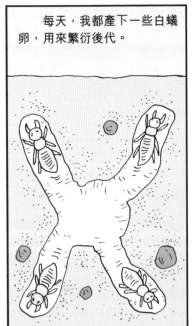

每天，我都產下一些白蟻卵，用來繁衍後代。

「小蘑菇」不夠吃，所以我絕對不能多生孩子。

媽媽，我餓！

終於等到孩子長大了，牠們能出去尋找糧食了，我就繼續在蟻巢裏負責生育更多的孩子。

媽媽，我們都要出去找糧食嗎？

①小蘑菇：白蟻會在巢穴中培養真菌作為食物。

就這樣，小白蟻們外出找到糧食後，都會運輸回蟻巢，上貢給蟻后媽媽！

嗨喲！

嗨喲！

嗨喲！

嗨喲！

嗨喲！

就這樣，我的族群越來越大，光地面上的建築就高達兩米，直徑一米。

這麼厲害啊？

現在，你們還覺得我是好吃懶做的昆蟲嗎？

現在，我們認為你是一位值得尊敬的好媽媽！

牠們都稱你為蟻后，那蟻王呢？

我剛離開巢穴的時候，牠就被我們的天敵吃掉了。

蟻后媽媽真不幸！

再見了，尊敬的蟻后！

祝你們好運，勇敢的孩子們！

為甚麼水黽可以站在水上？

掉頭

啪啪！

大湖邊……

怎麼過去呀？繞過去很遠的。

嘿嘿。人類真笨，這麼簡單的事情都做不到！

哼，給你們一個長見識的機會！

放臭屁的蟲子……

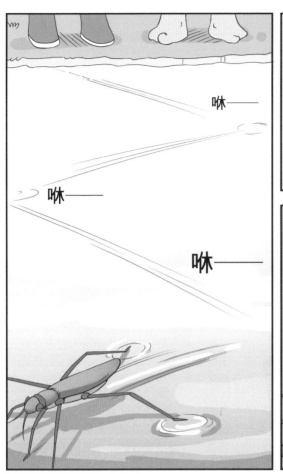

好厲害的輕功，莫非這就是傳說中的凌波微步？

你是怎麼做到的啊？

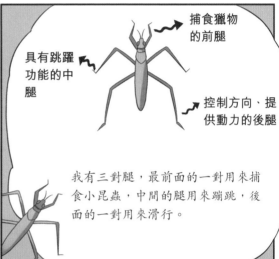

捕食獵物的前腿

具有跳躍功能的中腿

控制方向、提供動力的後腿

我有三對腿，最前面的一對用來捕食小昆蟲，中間的腿用來蹦跳，後面的一對用來滑行。

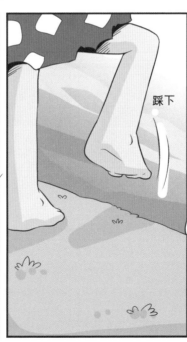

踩下

撲通！

笨！你以為你的腿也有這種作用啊！

幻想是無極限的！

為甚麼我做不到呢？

......

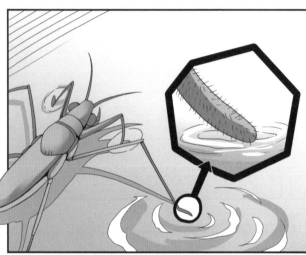

我們的腿構造特殊，長有數千根按同一方向排列的剛毛。這些剛毛的直徑不足 3 微米，能夠在表面上形成螺旋狀納米結構的溝槽。這些微小的溝槽可以吸附空氣，在腳與水的接觸面形成氣墊。

這樣的氣墊能夠阻礙水的浸潤，不會突破水的表面張力，讓我們在狂風暴雨和急速流動的水流中也不會沉沒。

不和你們說了。我很忙，先走一步了！

喂，等等，把你腳下的氣墊留下！

大力士螞蟻

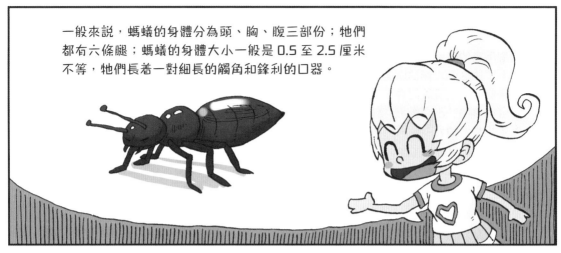

一般來說，螞蟻的身體分為頭、胸、腹三部份；牠們都有六條腿；螞蟻的身體大小一般是 0.5 至 2.5 厘米不等，牠們長着一對細長的觸角和鋒利的口器。

螞蟻可以舉起比自己重 100 至 400 倍的物體，力氣夠大吧？

100 至 400 倍？太厲害了！

至今還沒有人能夠舉起超過他本身體重三倍的重量！

是啊，小螞蟻才是真正的大力士！

小小的螞蟻竟然有這麼大力氣！這是為甚麼呢？

這個，我也說不好……

我來告訴你們吧！

嗯嗯！快說說……

我腳爪裏的肌肉是一個效率非常高的「原動機」，比你們人類的航空發動機效率還要高好幾倍，這就等於說在我腳爪裏，藏有幾十億台微妙的「小電動機」作為動力，因此能產生相當大的力量。

如果把我們螞蟻腳爪那樣有力而靈巧的自動設備用到技術上，那電梯、起重機和其他機器的面貌將煥然一新。

記得老師説過，人類的機械只能發揮能量 30% 至 40% 的力量，至於人體，就更少了。

要是人類能像螞蟻一樣有那麼大力氣，該多好啊！

人們從螞蟻的身體構造中得到啓發，製造出了一種將化學能直接變成電能的燃料電池。

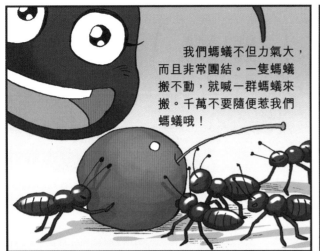

我們螞蟻不但力氣大，而且非常團結。一隻螞蟻搬不動，就喊一群螞蟻來搬。千萬不要隨便惹我們螞蟻哦！

其實，螞蟻的工作分工相當明確……

母蟻：有生殖能力的雌性，或稱蟻后，在群體中體型最大，特別是腹部大，生殖器官發達，觸角短，胸足小，有翅、脫翅或無翅。主要職責是產卵、繁殖後代和統管這個群體大家庭。

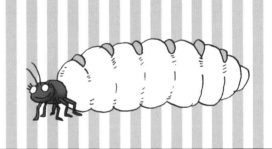

雄蟻：或稱父蟻。頭圓小，上肢不發達，觸角細長。有發達的生殖器官和外生殖器，主要職能是與蟻后交配。

工蟻：又稱職蟻，無翅，一般為群體中最小的個體，但數量最多。上顎、觸角和三對胸足都很發達，善於步行奔走。工蟻是沒有生殖能力的雌性。工蟻的主要職責是建造和擴大巢穴、採集食物、飼育幼蟻及伺候蟻后等。

兵蟻：頭大，上顎發達，可以粉碎堅硬食物，在保衛群體時即成為戰鬥的武器。

螞蟻的 地下王國

　　螞蟻的地下王國非常神秘，有的簡直令人難以想像。螞蟻是昆蟲中的一個龐大的群種，一個比人類人數還要多的種族。螞蟻的地下王國裏有蟻后、雄蟻、工蟻、兵蟻等。成千上萬的螞蟻生活在牠們的地下王國裏，牠們分工合作、各司其職，不得不讓人佩服！

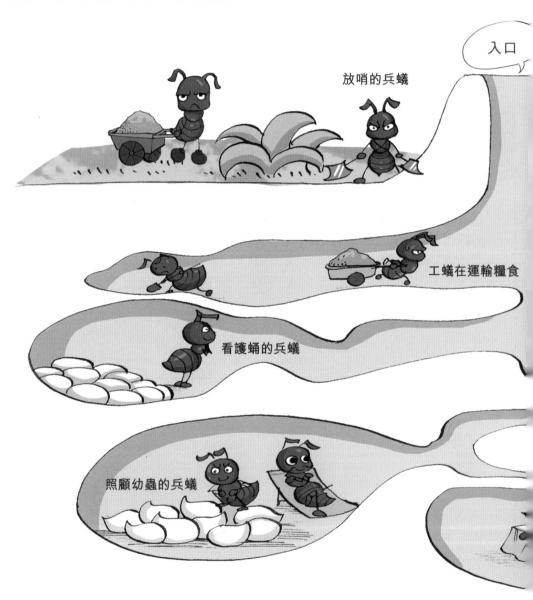

入口

放哨的兵蟻

工蟻在運輸糧食

看護蛹的兵蟻

照顧幼蟲的兵蟻

工蟻

工蟻是螞蟻王國中最辛苦的，牠們不僅要運輸食物，還要負責螞蟻們的「伙食」。

蟻后

蟻后是生育螞蟻的唯一人選，牠肩負著給螞蟻王國「傳宗接代」的重任。

兵蟻

兵蟻的工作多樣化，有的兵蟻專門負責站崗、放哨，有的兵蟻要照顧幼蟻、看護卵和蛹。

站崗的兵蟻

工蟻將大型昆蟲肢解

 你知道嗎？

螞蟻是一種具有社會性的昆蟲。牠們的住房一般都建在地下，有良好的排水性和通風性。

螞蟻的壽命

螞蟻的壽命比人類想像的要長得多。工蟻們日夜操勞，牠們大多可存活幾個星期或者 3 至 7 年。在所有螞蟻中，蟻后的壽命是最長的，牠可以存活十幾年或幾十年。

蟻后的穴室

看護卵的兵蟻

蟬的幼蟲要在地下生活數年嗎？

吱——

太艱難了，我幫幫牠吧！

住手！如果蟬在蛻殼的過程中因受到干擾而受傷，很可能終生無法飛行！

蟬不是黑色的嗎？這隻怎麼是白色的？

20 分鐘後牠就會變成我們常見的黑色了。

20 分鐘後……

終於完成蛻殼了，幾年的工夫沒白費啊！

幾年？

是啊，我在黑暗的地下度過了三年的時間。

時間為甚麼這麼長？

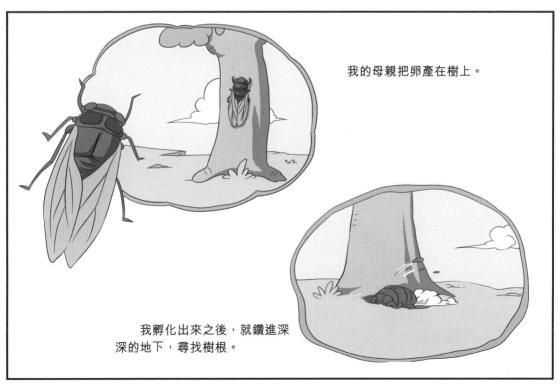

我的母親把卵產在樹上。

我孵化出來之後，就鑽進深深的地下，尋找樹根。

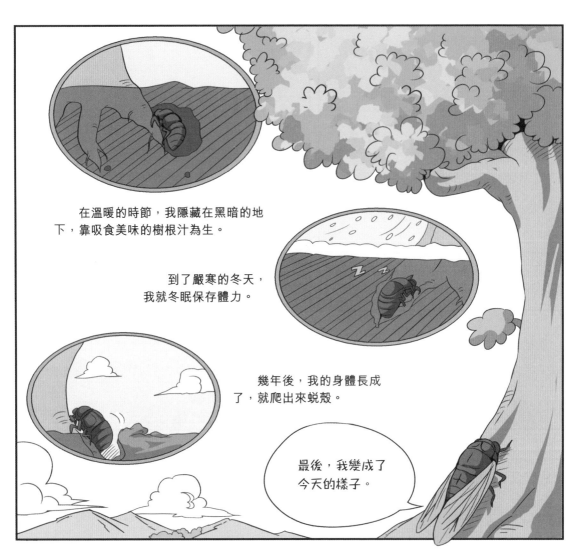

在溫暖的時節，我隱藏在黑暗的地下，靠吸食美味的樹根汁為生。

到了嚴寒的冬天，我就冬眠保存體力。

幾年後，我的身體長成了，就爬出來蛻殼。

最後，我變成了今天的樣子。

太漫長了……

只要肯努力，終有一天會成功。

嗯，說得太有道理了！

小小蠼螋會孵蛋？

我們都愛大森林，依啊依呀喲！♪

喂！留神！

你在做甚麼？

我在孵蛋啊！

咦？小蟲子也孵蛋？你是甚麼蟲啊？

我叫蠼螋，也可以叫我耳夾子蟲或剪刀蟲。

嗯，長長的尾巴挺像夾子的。你為甚麼要孵蛋呢？

我們快做媽媽的時候，就用嘴和腳在地下挖一個 8 至 12 厘米的洞，作為我的產房和育兒室。

你的洞呢？

就是啊！你沒巢穴怎麼生育寶寶啊？

洞……我還沒來得及挖，就下蛋了。

咦，你在做甚麼呢？

環境太潮濕，我得經常把卵的表面清理乾淨，不然會長真菌的。

咔吧！咔吧！

哈哈，我的寶貝出生了！

我要去給孩子們找吃的了。

我聽說小昆蟲生下來就會自己找吃的啊！

我可是一個負責任的媽媽！我們一族要養育孩子長大，等牠們有了謀生能力，才讓牠們獨立生活呢！

你真是一位好媽媽。

這是留給你們的。

謝謝你們！

謝謝叔叔阿姨！

是姐姐啊！

蠼螋 有甚麼本事？

蠼螋是一種體型很小的昆蟲，尾巴像夾子一樣，所以人們也叫牠「耳夾子蟲」。你可別看牠個子小，牠的本事可不小呢！你知道蠼螋有甚麼本事嗎？

小貼士： 小小的蠼螋不僅生存能力強大，而且面對敵人的時候，也非常勇敢。

 蠼螋・身體特徵

蠼螋身材狹小，體長 1 至 5 厘米，扁扁的頭，絲狀的觸角，尾巴末端還有一個類似鐮刀狀的尾鉗。蠼螋大多數都擁有翅膀，但都比較短小，所以牠較少飛行，更多的時候都是選擇爬行。蠼螋比較喜歡在晚上出來活動，白天的時候經常躲在黑暗的地方不出來，比如在土壤中、石頭下或雜草中。

名字的由來

當夜幕降臨的時候，小朋友們睡覺的時間也就快到了，可是有的小朋友還在貪玩不願意上床睡覺。這時候，媽媽們就會給孩子講一個關於耳夾子蟲的故事。媽媽們告訴小朋友，有一種細細長長的小昆蟲叫耳夾子蟲，當夜晚來臨的時候，牠就會爬出來活動，並且這個蟲子有一種特殊的嗜好，就是喜歡尋找那些晚上不肯睡覺的小孩子，然後鑽到他們的耳朵裏去。

聽完這個故事以後，小朋友們都很害怕，為了不讓耳夾子蟲鑽到自己的耳朵裏去，於是只好乖乖去睡覺了。

其實，耳夾子蟲只是牠的外號，因為人們誤以為牠會爬到人類的耳朵裏去，就給牠取了這個名字。實際上，牠的大名叫「蠼螋」。因為這個字難認，所以人們更喜歡叫牠耳夾子蟲或剪刀蟲，這種叫法既形象又生動。

生存能力強

蠷螋的個子雖然不大，可是卻有着一個龐大的家族。已知的蠷螋種類就有二千多種，主要分佈在熱帶和亞熱帶氣候地區，這主要是因為蠷螋喜歡溫熱的環境。但是溫帶地區也有數量不少的蠷螋存在，即使在喜馬拉雅山海拔那麼高那麼寒冷的地方也有牠生活的印跡。可以說，除了南極以外，世界上的各個角落都生活着蠷螋。可以看出，牠的生存能力是多麼強大！

喜歡裝腔作勢

第一次見到蠷螋，總會被牠那鐮刀一樣的尾鉗嚇一跳，心想萬一不小心讓牠夾上該有多痛啊！其實不然，牠們可都是些溫順可愛的小蟲子。當遇到危險的時候，牠們會舉起那頗具威懾性的大鉗子，但也只是做做樣子嚇唬對方而已，並不會真的進行攻擊。如果這樣還不能嚇跑敵人，牠就會分泌出一些惡臭的氣體驅散敵人。但還有的時候，牠們也會選擇裝死來逃命。所以，如果你再看到蠷螋高舉着牠那大鉗子，你就知道那不過是在裝腔作勢罷了，牠的心裏其實不知道有多害怕呢！

生活習性

蠷螋喜歡待在潮濕的土壤中，因為那裏不僅有機物質豐富，而且還聚集了很多小昆蟲，讓牠們可以非常方便地捕食。蠷螋不僅會在室外活動，也會跑到室內。牠們特別喜歡髒亂、潮濕的廚房，那裏簡直就是牠們的樂園。

繁殖方式

蠷螋屬於漸變態類昆蟲。一年生產一代。雌蟲產卵可達 90 粒。卵呈橢圓形，白色。幼蟲 4 至 5 歲時，外形與成蟲相似、只有尾巴細弱，身體呈尖釘狀。雌蟲有哺育幼蟲的習性。雌蟲在石下或土下造穴產卵，然後伏在卵上或守在旁邊，孵出的幼蟲與雌蟲生活在一起。

被蜱蟲咬了應該怎麼辦？

好可愛的羊群啊！

好像爆米花啊。

切！白花花的有甚麼好啊！

喂！這裏是我的地盤，快滾開！

誰！出來！

我在這。

是誰？別藏頭縮尾的了。

......

小子，朝前面看，誰藏頭縮尾了。

你這麼小的個子，想幹甚麼？

敢説我小？你等着！

跳走

若蟲

若蟲

雄成蟲

雌成蟲

你可別小瞧牠，牠叫蜱蟲，小名又叫草爬子，是卵生昆蟲，以吸血為生。

哦，原來草爬子就是牠啊！我在大森林裏經常聽説牠們，我才不怕呢！

我吸

呼嚕！

啪嗒！

變大

119

蜱蟲一次能吸好多的血呢。

你、你離我遠點兒！

現在知道我的厲害了吧！

那、那些羊群怎麼不反抗呢？

我的吸管上有特殊的麻醉劑，被我吸血的動物是很難發現的。

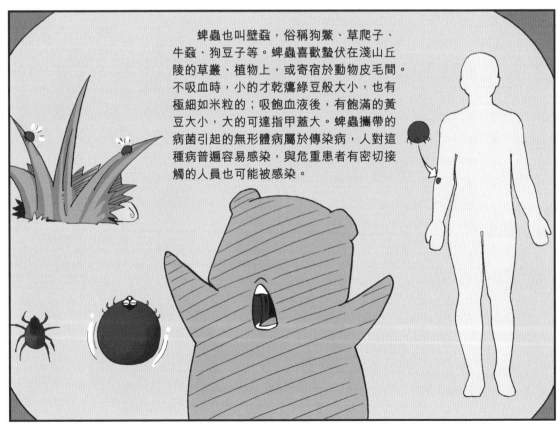

蜱蟲也叫壁蝨，俗稱狗鱉、草爬子、牛蝨、狗豆子等。蜱蟲喜歡蟄伏在淺山丘陵的草叢、植物上，或寄宿於動物皮毛間。不吸血時，小的才乾癟綠豆般大小，也有極細如米粒的；吸飽血液後，有飽滿的黃豆大小，大的可達指甲蓋大。蜱蟲攜帶的病菌引起的無形體病屬於傳染病，人對這種病普遍容易感染，與危重患者有密切接觸的人員也可能被感染。

蠶是怎樣吐絲的？

哇，今天突然發現，好漂亮啊！

我本來長得就很漂亮！

我說的是你的衣服。

嘭！

哦，我説錯話了。衣服很漂亮，人更加漂亮嘛……

那當然了，我這衣服可是絲綢做的。

甚麼是絲綢啊？

就是用蠶絲做的衣服啦，這都不知道？

蠶絲是怎麼來的呢？

呃，我不知道……

看！那邊有一隻蠶正在吐絲，咱們去問問牠吧！

小蠶啊小蠶，你是怎麼吐絲的呢？

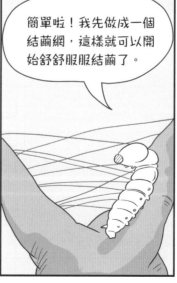

簡單啦！我先做成一個結繭網，這樣就可以開始舒舒服服結繭了。

然後以 S 形吐絲，這個過程就叫作結繭衣。

繭衣形成後，我的前後兩端要向背後彎曲，成「C」字形。

再然後呢？

現在就要改成倒8字形吐了，把我自己的身體緊緊地綁起來。

蠶的一生分為四個階段：卵→幼蟲→蛹→成蟲，接着又將完成新一代的循環。這就是蠶的整個生命歷程。

再然後呢？

現在我身體外面的蠶繭就是用來做絲綢的原料啦。

原來做衣服的蠶絲就是這麼來的啊？

蠶和絲綢有甚麼聯繫？

中國絲綢歷史源遠流長，在距今約五千年前的新石器時代，人們便開始了養蠶、取絲、織綢。一直以來，蠶和絲綢之間有着不解之緣，你知道牠們之間的聯繫嗎？

小貼士：經過蠶絲加工製作的絲織品是人類的偉大發明，絲綢做成的衣服更是受到大眾的歡迎。

蠶吐絲、結繭

剛從蠶卵中孵出的蠶，每天最主要的任務就是吃桑葉，經過四次蛻皮，牠們逐漸長大、成熟。長大、成熟的蠶從嘴巴裏吐出一根細細的絲線，上下左右晃動着胖胖的身體，到處尋找適合結繭的場所。牠要花費整整兩天兩夜的時間，才能將身體內的絲線吐光，完成一枚完美無瑕的繭的製作。蠶的身體也因為吐絲而變得薄小，被蠶繭嚴嚴實實地包裹起來了。一隻小小的蠶繭可以抽出長達 1.5 千米的絲。

蠶吃桑葉

蠶在吐絲

蠶絲從何而來？

蠶為甚麼可以從肚子裏吐出絲來呢？原來，牠們的身體裏有一套結構複雜的「天然紡織機」，由絲腺體和吐絲泡連接構成。並且，絲腺體的長度足足是蠶身體的五倍。當蠶進行吐絲工作時，不停伸縮的頭部肌肉會帶動絲腺體運動，抽壓裏面的絲液。絲液遇到空氣後，便會立刻形成細長的絲線。

絲綢

蠶繭被人們抽絲加工後，成為毫無污染的天然蛋白質纖維，具備其他纖維無法替代的天然性和無可比擬的生命力。再經過精心紡織和染色，得到的五彩繽紛、華美柔軟的成品，就是絲綢。

絲綢是蠶獻給人們的珍貴禮物，可以做成各種美麗的衣裳和裝飾品。絲綢輕薄透氣，內含的 18 種與人體皮膚相似的氨基酸，可以抵抗細菌、促進新陳代謝、保溫除濕，有人類「第二皮膚」的美譽。而這一切，都要歸功於勤勞的蠶！

蠶絲

絲綢

 ## 嫘祖繰絲的故事

在中國的上古時期，有個叫嫘祖的女子。有一天，她去樹林中撿柴，被一隻大蜘蛛網蒙住了臉。於是，她便開始研究蜘蛛網。後來她又發現了山上的蠶吐的絲比蜘蛛的絲結實，便把蠶養在家裏。但是，養的蠶雖能結出繭子卻抽不出絲，做不出讓她滿意的衣料。一次，嫘祖煮水燒飯時，無意之中把幾顆繭子掉進了開水。她慌忙把繭子撈出來，卻扯起了絲線。嫘祖由此得到啓發，將蠶繭浸在熱水中，用手抽絲，捲繞於絲筐上，這一技術被稱為「繰絲」。之後，她又將絲織成網，裁剪縫紉，加工成為衣服。由於嫘祖發明了繰絲的技術，後人將她當成蠶神來祭祀。在今天北京的北海公園，還有一座叫作「先蠶壇」的建築。

中國人的養蠶歷史

 辛勞的蠶

中國是世界上養蠶最早的國家。蠶屬於昆蟲中的一種，由於人們經常在室內飼養牠，所以牠又被稱為「家蠶」。養蠶和紡織蠶絲已經成為桑蠶業的一門技術。根據考古發現，至少在三千年前中國已經開始人工養蠶。

蠶的一生經過卵→幼蟲→蛹→成蟲，共四十多天的時間。蠶每結一個繭，需要變換 500 次位置，編織出 6 萬多個 8 字形的絲圈。一個繭的絲長可達 1.5 千米。絲腺內的分泌物完全用盡，方化蛹變蛾。

 走向世界的中國絲綢

用蠶絲做成的絲綢不僅是珍貴的衣料，更是高檔的藝術品。絲綢具有的藝術價值大大提高了牠的文化內涵和歷史價值，無論在古代還是今天，絲綢的影響都很深遠。

到了秦漢時期，中國的絲織業不僅得到了飛躍式的發展，而且隨着漢代對外大規模擴展的影響，絲綢的貿易和輸出達到空前繁榮的地步。貿易的推動使得中原和邊疆、中國和東西鄰邦的經濟、文化交流進一步發展，從而形成了著名的「絲綢之路」。

「絲綢之路」從古長安出發，經甘肅、新疆一直西去，經過中亞、西亞，最終抵達歐洲。公元前 126 年，在漢武帝的西進政策下，大量中國絲綢通過這條道路向西運輸，中國絲綢也從此真正走向世界。

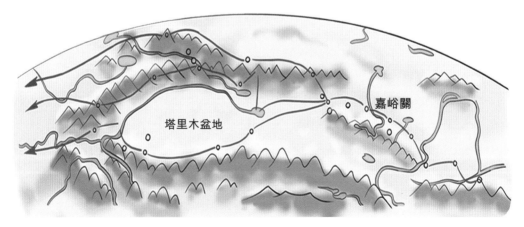

「絲綢之路」路線圖

石蠶會在水下造房子嗎？

熱死啦，熱死啦……

喂！小心點，水都濺到我身上啦！

啪啦啪啦……

哇！好可愛的小蟲子，你叫甚麼名字啊？

我現在叫石蠶，以後變成蛾子就叫沼石蛾啦！

你要去做甚麼呢？

去水裏，造房子！

這麼可愛的小蟲子，腦筋卻有問題。水下哪能造房子啊？

我造的房子可結實了，不信現在就造給你們看！

好啊好啊⋯⋯

喂！讓你造房子，吐絲幹甚麼？

你太奇怪了⋯⋯

我滾！

差不多了。

這也算房子？

你在幹嗎？

骨碌碌！

我的房子春夏不一樣。春天顏色暗一些，可以保護我！

你可真是一隻小糊塗蟲，現在是夏天，不是春天。

啊……搞錯了，等一下。

嘿嘿！

骨碌碌！骨碌碌……

現在的顏色對了。

怎麼樣？房子很漂亮吧！

晃晃！

原來真的有在水下蓋房子的昆蟲啊！

石蠶的房子作用很大。當牠被水甲蟲攻擊時，牠會使用金蟬脫殼的妙計，悄悄從小房子中溜出來，一眨眼就逃得無影無蹤。當石蠶在水底休息時，就窩在小房子裏。浮出水面時，就拖着小房子爬上蘆梗，然後把前身伸出小房子外。

牠們不是昆蟲

昆蟲是地球上數量最多的群體，足跡遍佈各個角落，在我們的生活中幾乎處處可見昆蟲的身影。但是，有一些平常我們經常見到的小動物，由於牠們的體型和昆蟲相似，容易被誤認為是昆蟲。這些被誤會的「昆蟲」都有哪些特點呢？小朋友快來看看吧。

蜘蛛肚子裏有絲線嗎？

嘶嘶嘶……

那兒有隻蜘蛛！

蜘蛛先生，你在做甚麼呢？

嘶嘶嘶……

織網。

為甚麼要織網呢？

肚子裏裝着那麼多的絲線，多難受啊！

真是個傻孩子啊，肚子裏怎麼能裝絲線呢？

我的肚子裏根本沒有絲啊！

我們蜘蛛一族捕食獵物、養育孩子、儲藏食物，都要在網上完成。所以，一隻會織網的蜘蛛，才是好蜘蛛！

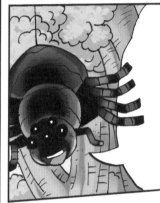

我的肚子裏有特殊的黏液，這些黏液從尾部的小孔裏噴出來，遇到空氣就變成了絲線。我的網，就是用這些絲線織成的。

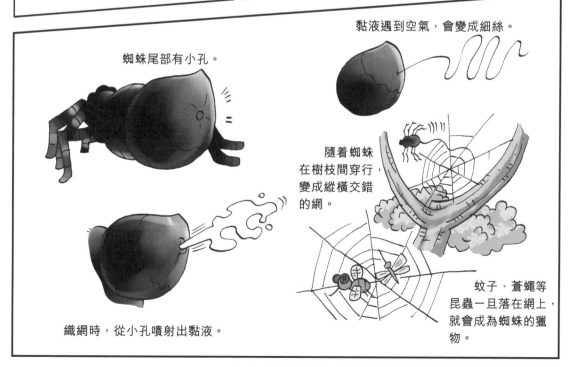

蜘蛛尾部有小孔。

黏液遇到空氣，會變成細絲。

隨着蜘蛛在樹枝間穿行，變成縱橫交錯的網。

織網時，從小孔噴射出黏液。

蚊子、蒼蠅等昆蟲一旦落在網上，就會成為蜘蛛的獵物。

你的尾部有六個孔，吐的絲線都是一樣的嗎？

當然不一樣了。有的絲線是用來捕捉獵物的，有的絲線是用來包裹我的蜘蛛寶寶的，有的絲線是為了不讓食物變質的。

好複雜啊！

我們祖先在 1.3 億年前，就進化出了這種好本事呢！

你能讓我們看看是怎麼織網的嗎？

沒問題，看好了啊！

嘶嘶嘶……

先要搭好一個框架！

織網，要從外往裏織。

嘶嘶嘶……

這樣，一個完美的蛛網就織好了！

真是好漂亮啊……真好看！

怎麼您自己不會被黏住呢？

我的身上有一種特殊的油脂，當然不會被黏住了。

原來是這樣的啊謝謝你讓我們了解這麼多。

我們還要趕路，蜘蛛先生再見了！

我也要忙着捕食了，可愛的孩子們，祝你們一路順風！

蜘蛛絲有甚麼神奇功能？

在我們生活的周圍，到處都有蜘蛛抽絲結網，蜘蛛網能捕捉蒼蠅、蚊子等害蟲，所以蜘蛛在我們的眼裏是益蟲。蜘蛛絲除了能捕捉飛蟲以外，還有許多其他的神奇功能呢！

小貼士：經過蜘蛛絲加工而成的「人造基因蜘蛛絲」比不鏽鋼更結實，牠也被稱為「生物鋼」。

 蜘蛛·身體特徵

在森林、田間、草原、水邊、石下以及室內，我們都可以看到蜘蛛的蹤跡，甚至在地下和水面也能發現蜘蛛。蜘蛛約有 3.5 萬種，遍佈全世界。蜘蛛的外形醜陋，身體呈圓形或橢圓形，分為頭胸部和腹部，小小的頭和膨大的腹部以腹柄相連，共有八隻腳。蜘蛛長有觸鬚，雄蜘蛛的觸鬚長有一個精囊。蜘蛛與其他動物最不同的是在腹部後端生有三對紡織器，蜘蛛絲就產自那裏。

蜘蛛的
紡織器

蜘蛛織網

蜘蛛的每個紡織器都有一個圓錐形的凸起，上面有許多開口及導管與絲腺相連，絲腺能產生多種不同的絲線。絲線是一種骨蛋白，在體內為液體，排出體外遇到空氣立即硬化為絲。最細的蜘蛛絲直徑只有百分之一英寸。一條能環繞地球一週的蜘蛛

絲，只有 166 克重。蜘蛛織網時是專心致志的，一般只要 25 分鐘就能編一個網，如果受風力、環境等影響，則時間較長。蛛網的黏滯性相當強，但因為蜘蛛身上有一層潤滑劑，所以黏不住蜘蛛自己，而且蜘蛛在蜘蛛網圓心為自己開闢了一個休息室。

各種形狀的蜘蛛網

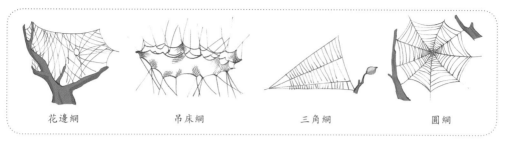

花邊網　　　　　　吊床網　　　　　　三角網　　　　　　圓網

 被稱為「生物鋼」的蜘蛛絲

　　據科學家研究試驗，一束由蜘蛛絲編成的繩子比同樣粗細的不鏽鋼鋼筋更堅強有力。牠能夠承受比鋼筋還多五倍的重量而不被折斷。西方科學家曾嘗試從蜘蛛身上抽取出蜘蛛基因植入山羊體內，讓羊奶具有蜘蛛絲蛋白，再利用特殊的紡絲程序，將羊奶中的蜘蛛絲蛋白紡成人造基因蜘蛛絲，這種絲又被稱為「生物鋼」。用這種方法生產的人造基因蜘蛛絲比鋼強四至五倍，可用於製造高級防彈衣。生物鋼的用途廣泛，還能製造戰鬥飛行器、坦克、雷達、衛星等裝備的防護罩等。

蜘蛛絲　　　＋　　　山羊　　　＝　　　生物鋼

 捕鳥蛛

　　捕鳥蛛的體型較大，體表多毛，身上長有斑紋，有八隻小眼，一起分佈在背甲的前部。很多捕鳥蛛在夜間捕食青蛙、鳥類或老鼠。牠們用大型的螯肢壓爛獵物，並將獵物體內注入消化液，然後吸食消化後的液體。捕鳥蛛大多生活在樹上，能存活 10 至 30 年。

 世界上最毒的蜘蛛

　　世界上最毒的蜘蛛是紅斑蛛，也叫黑寡婦，牠們具有非常強的毒性，只需 0.006 毫克的毒液就可以殺死一隻老鼠。

怎樣區分蜈蚣和蚰蜒？

太陽這麼大，我會被曬黑的……

那裏！那裏有一片陰涼地！

呼⋯⋯！呼⋯⋯！

潮濕的地方會有蜈蚣，我才不去呢！

那也比被太陽曬好多了！

啊呀，有蜈⋯⋯蜈蚣！

陰涼地方躺下，好舒服啊⋯⋯

呼呼哈！呼呼哈！

啊！

我是善良的蚰蜒，才不是蜈蚣那種兇巴巴的蟲子呢！

你、你真的不兇嗎？

我只吃小蟲，很少傷人的！

吃不？

謝了……我們不吃，您自己慢慢享用……

現在的孩子，真挑食！

吱吱……

剛才嚇死我了。

是、是……是蜈蚣！

蚰蜒嘛，有甚麼好怕的？

我咬！
我咬！

刺刺刺！

閃開啊！

嗒嗒嗒嗒……

蚰蜒和蜈蚣長得那麼像，怎麼區別……

我知道！蚰蜒的腿長，蜈蚣的腿短。蜈蚣的腿多，蚰蜒的腿少。

蜈蚣的毒性很大，能捕食小型動物；蚰蜒的毒性比較小，只捕食昆蟲。

蚰蜒遭遇強敵的時候，可以自己斷掉一部份肢體逃命，蜈蚣則不行。

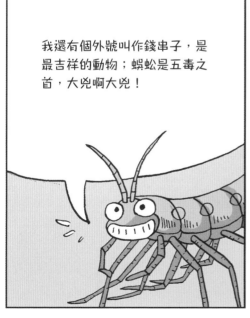

我還有個外號叫作錢串子，是最吉祥的動物；蜈蚣是五毒之首，大兇啊大兇！

除了吃飯和睡覺之外，原來你還是有真才實學的！

當然！

劇毒的蠍子怕甚麼？

餓死啦，餓死啦……

看在你懂蜈蚣和蚰蜒區別的份兒上，給你一個蘋果！

還是 TT 最善良、最勇敢、最美麗……

不但饞，而且還無恥。

碰！

哎呀！蘋果掉進樹洞裏去了！

撲通！

骨碌碌！

我們身邊有哪些昆蟲？

昆蟲是世界上種類最多的動物群體。遠在 3.5 億年前，昆蟲就已經在地球上生存了。牠們的繁殖力很強。我們的周圍有哪些昆蟲呢？

小貼士： 我們身邊的昆蟲有蚊子、蒼蠅、蜜蜂、蝴蝶、蜻蜓等。

 ### 昆蟲·身體特徵

昆蟲通常有兩對翅和三對足，身體表面有堅硬的骨骼，用來保護柔軟的體內器官不受傷害。有殼無脊椎，頭上有一對小觸角，身體分為頭、胸、腹三段，比如蚊子、蜜蜂、蜻蜓等。

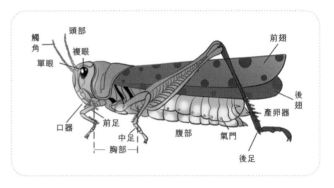

身體輕盈

在我們的周圍，大多數昆蟲的身體都非常輕盈，這為牠們的飛行提供了很大的便利。

當昆蟲們飛出去找食物的時候，體積小的昆蟲遠比體積大的需要的食物少，所以牠們更容易獲取食物維持體能。另一方面，如果昆蟲太胖，在

捕食的過程中因飛行太慢就會被其他動物吃掉。為了躲避敵人的追殺，大多數昆蟲都盡量使自己的身體保持輕盈，以便於飛得更快。

薄如蟬翼

「薄如蟬翼」的意思是很薄很纖細，像蟬的翅膀一樣。在我們的身邊，大多數昆蟲的翅膀都很薄，比如鳴蟬翅膀的厚度僅有 0.51 毫米，比一張紙還要薄。雖然昆蟲的翅膀很薄，但是並不容易破碎，因為牠們的翅膀天生就有足夠的強度和剛度。比如蜻蜓，牠的翅膀每秒可振動 30 至 50 次，卻安然無羔。

每秒可振動
30 至 50 次。

收起翅膀歇
一會兒……

昆蟲的翅膀各種各樣，大部份都是像薄膜一樣的膜質薄片。不用的時候，牠們還可以將翅膀摺疊起來藏好。在飛行的時候，昆蟲展開膜質翅膀，用力鼓動空氣。前後兩對翅膀像波浪一樣振動，迅速地起飛，然後在高空飛行。後來，人們根據昆蟲的飛行原理製造出了飛機。

攀岩走壁

夏天的時候，我們經常可以看到很多蒼蠅嗡嗡地亂飛，或者落在牆壁上。

在蒼蠅的六隻腳上各有一個像「鈎子」似的爪，在爪的最下方有一個被茸毛遮住的爪墊盤，蒼蠅的腳上面有一些細細的茸毛，絨毛處會分泌一種像萬能膠水一樣的液體來黏住玻璃。此外，牠的爪墊盤像一個口袋，內部充血，下面凹陷，其作用猶如一個真空杯，使牠們能夠很容易站在光滑的物體表面。

眾所周知，蒼蠅是害蟲，牠們喜歡在髒亂的地方產卵滋生細菌，牠們正是靠腳上的茸毛來傳播細菌的。

爪墊盤

茸毛

書　　名　科學超有趣：昆蟲

編　　繪　洋洋兔

責任編輯　郭坤輝

封面設計　郭志民

出　　版　天地圖書有限公司

　　　　　香港黃竹坑道46號

　　　　　新興工業大廈11樓（總寫字樓）

　　　　　電話：2528 3671 傳真：2865 2609

　　　　　香港灣仔莊士敦道30號地庫／1樓（門市部）

　　　　　電話：2865 0708　傳真：2861 1541

印　　刷　亨泰印刷有限公司

　　　　　柴灣利眾街德景工業大廈10字樓

　　　　　電話：2896 3687　傳真：2558 1902

發　　行　香港聯合書刊物流有限公司

　　　　　香港新界大埔汀麗路36號中華商務印刷大廈3字樓

　　　　　電話：2150 2100　傳真：2407 3062

出版日期　2020年7月／初版‧香港